AF411393

QUINZE JOURS

DE

VACANCES

PROMENADES AU BORD DE LA MER

PAR

M. MICHEL

ROUEN

MÉGARD ET Cie, IMPRIMEURS-LIBRAIRES

Grand'Rue, 156, et rue du Petit-Puits, 24

BIBLIOTHÈQUE MORALE

DE

LA JEUNESSE

Fécamp

à près de la marée

QUINZE JOURS

DE

VACANCES

PROMENADES AU BORD DE LA MER

Entretiens sur l'Histoire Naturelle des Poissons, — la Pêche. — Descriptions Historiques, etc.

PAR J. VITAL

ROUEN

MÉGARD ET Cie, IMPRIMEURS-LIBRAIRES

Grand'Rue, 156, et rue du Petit-Puits, 21

1861

AVIS DES ÉDITEURS.

Les Éditeurs de la **Bibliothèque morale de la Jeunesse** ont pris tout-à-fait au sérieux le titre qu'ils ont choisi pour le donner à cette collection de bons livres. Ils regardent comme une obligation rigoureuse de ne rien négliger pour le justifier dans toute sa signification et toute son étendue.

Aucun livre ne sortira de leurs presses, pour entrer dans cette collection, qu'il n'ait été au préalable lu et examiné attentivement, non-seulement par les Éditeurs, mais encore par les personnes les plus compétentes et les plus éclairées.

Pour cet examen, ils auront recours particulièrement à des Ecclésiastiques. C'est à eux, avant tout, qu'est confié le salut de l'Enfance, et, plus que qui que ce soit, ils sont capables de découvrir ce qui, le moins du monde, pourrait offrir quelque danger dans les publications destinées spécialement à la Jeunesse chrétienne.

Toute observation à cet égard peut être adressée aux Éditeurs sans hésitation. Ils la regarderont comme un bienfait non-seulement pour eux-mêmes, mais encore pour la classe si intéressante de lecteurs à laquelle ils s'adressent.

QUINZE JOURS

DE VACANCES

Promenades au bord de la Mer.

I.

UNE jolie petite maison , qui étalait co-
quettement une ceinture de pampres verts
à l'extrémité du village de B..., avait pris un
aspect de fête inaccoutumé. Elle semblait

aspirer, par les larges baies de ses fenêtres,
les rayons d'or d'un beau soleil d'été, qui traçaient des lignes lumineuses sur les parquets
luisants, tandis que de joyeux enfants, faisant retentir l'air de leurs cris, parcouraient
les appartements, escaladaient les escaliers
et interrompaient leurs folles gambades pour
faire et défaire des paquets cent fois recom-
mencés.

Un vieux serviteur étrillait dans la cour le
paisible cheval que l'on mettait à la voiture
dans les jours de grande sortie, et Pataud,
le chien favori des enfants, auquel ces préparatifs annonçaient une longue promenade,
se montrait tout aussi bruyant que ses jeunes
maîtres.

Enfin, la voiture s'approcha du perron,
et M. et Mme Gérard prirent place sur la
banquette du fond. Leur fils aîné, Émile,
grand garçon de douze ans, s'avança majestueusement, empêché qu'il était d'un
filet à papillons et d'une ligne de bambou

dont il prétendait tirer un grand parti dans son excursion ; ce ne fut pas sans peine qu'il put se placer avec tout son bagage. Henri, plus jeune d'une année, avait bourré ses poches de toupies, de cordes à sauter ; ce qui lui donnait une rotondité fort respectable ; et leur petite sœur, Nini, tenait, étroitement embrassée, une magnifique poupée qu'elle soignait avec la sollicitude d'une mère. Elle n'avait pas voulu abandonner une si frêle demoiselle aux soins mercenaires d'une bonne et elle espérait, à force de précautions, la préserver des dangers du voyage.

Il y avait bien vingt minutes que tout ce monde turbulent cherchait à se caser de la façon la plus confortable, quand, sur un signe de M. Gérard, la voiture s'ébranla et partit avec plus de rapidité qu'on en aurait attendu du cheval tranquille qui l'entraînait, et bientôt la maison aux pampres verts disparut derrière un rideau de peupliers.

II.

Si M. Gérard, excellent père de famille, plein de sollicitude pour ses enfants,
savait user d'une juste sévérité lorsqu'ils
n'accomplissaient pas avec zèle les travaux
qu'on leur imposait dans l'intérêt de leur
avenir, en revanche il n'avait jamais hésité
à récompenser leur assiduité.

« L'étude, leur avait-il dit, au commencement de l'année scolaire, est semblable à
un chemin étroit, rapide, pierreux, qui, à
mesure que l'on avance, s'élargit, s'abaisse,

devient plus doux aux pieds du voyageur et se transforme en une route ombreuse et fraîche. — Plus vous saurez, plus il vous sera facile d'acquérir de nouvelles connaissances.

« Le travail auquel vous allez vous livrer est pénible, je le sais ; plus d'une fois vous regarderez en arrière en soupirant du peu de chemin parcouru. Il vous faudra peut-être toutes les forces de la jeunesse pour lutter contre le découragement qui viendra s'emparer de vous. — Nul bien sans peine ; gravez cette devise dans votre esprit, et, lorsque la science vous aura ouvert ses inestimables trésors, vous me remercierez d'avoir soutenu votre courage et vous plaindrez ceux qui n'auront pu acquérir le savoir dont vous serez fiers à juste titre.

« Je vais prendre dès à présent un engagement qui, j'en suis sûr, soutiendra vos forces. Si, à la fin de l'année, vous m'apportez le témoignage de votre application, nous irons, pendant les vacances, passer quinze jours au bord de la mer, chez cet ami dont je vous ai souvent parlé, qui, après avoir parcouru toute la terre, s'est échoué, comme il le dit plaisamment, dans un petit port de la Manche, — à Fécamp. »

Le voyage entrepris tout-à-l'heure était la conséquence de cette promesse.

On descendit à Rouen, à la gare de la rue Verte ; un instant après, la vapeur entraînait l'heureuse famille sur les rails glissants du chemin de fer, et quatre heures ne s'étaient pas écoulées qu'elle descendait des voitures qui correspondent avec la station de Beuze-ville.

III.

M. Dumont attendait ses amis. Il les reçut avec une grande joie et s'empressa de les guider vers sa demeure, située sur le port. On passa par une longue rue assez triste et toute tortueuse, que nos petits voyageurs regardaient avec un peu de désappointement ; car, dans leurs rêves dorés, ils s'étaient figuré une cité magnifique qu'ils étaient loin de retrouver. Peut-être était-ce à dessein et pour ménager un contraste, que leur guide les menait par la rue de Mer au lieu de leur faire parcourir la Levée, riante et verte promenade qui longe la Retenue. Enfin, ils arrivèrent tout poudreux chez leur hôte et gagnèrent leurs chambres pour changer de vêtements.

Là, un spectacle magnifique et grandiose s'offrit à leurs yeux.

Dédaignant de se fixer d'abord sur les objets les plus rapprochés, les regards suivaient la ligne blanche des falaises et, planant sur l'espace qui s'étendait devant eux, s'arrêtaient enfin sur l'immense portion de cercle que forme l'horizon au point où le ciel et l'eau semblent se toucher et se confondre.

La mer était calme comme un lac ;—à peine quelques vagues paresseuses s'étendaient-elles d'un demi-pas sur la grève ; — une teinte azurée en colorait la surface, et le soleil, plongeant ses rayons dans l'onde transparente, faisait jaillir mille brillantes étincelles.

Un navire glissait lentement vers le port, offrant ses larges voiles étendues à une brise presqu'insensible, et les mouettes agitaient lentement leurs longues ailes blanches qu'elles trempaient dans les reflets de la mer.

La contemplation de nos voyageurs durait depuis longtemps lorsqu'elle fut troublée par le bruit qui se faisait à leurs pieds. Un grand nombre de navires se pressaient le long du quai, comme si la place allait leur manquer. Trois mâts élevés et inégaux, que nul agrès ne semblait retenir, se dressaient sur le pont de chacun d'eux et retenaient à demi déployées des voiles enduites d'une épaisse couche de goudron. Une foule de marins, vêtus d'une façon bizarre et coiffés de bonnets en laine rouge, s'agitaient en tous sens et plaçaient dans la cale du sel, des barils et des filets.

A terre, ce n'étaient que barils, que filets apportés par des femmes et sur lesquels se roulaient de petits enfants.

On armait pour le hareng.

Ces scènes animées et neuves pour eux captivaient singulièrement l'attention de nos jeunes amis, quand on vint leur annoncer le dîner.

Trop fatigués pour commencer leurs promenades le soir même, ils se hâtèrent de gagner leur lit. Il n'était pas encore neuf heures, et ils ronflaient si bien, que la détonation d'une pièce de vingt-quatre ne les eût pas réveillés.

IV.

M. Dumont, comme tous les anciens marins, se levait de grand matin : il avait déjà
été faire un tour de jetée lorsque, entendant
sonner six heures, il pénétra dans la chambre
où Émile et Henri dormaient encore à poings
fermés.

Debout! leur dit-il, — Voyez comme le
ciel est pur, comme chaque goutte de rosée
scintille au bout des herbes menues que secoue
la brise du matin. Les côtes semblent recouvertes d'un tapis brodé de pierres précieuses.

Est-il temps de dormir quand on peut admirer de telles merveilles ? D'ailleurs, la mer baisse, et puisque vous me paraissez de grands pêcheurs, — cette ligne en fait foi, — vous allez m'accompagner ; car moi aussi je pêche : non pas, il est vrai, avec un grand bâton dans le genre de celui-ci ; mais Émile me dira, au retour, s'il préfère ma méthode à la sienne.

Or, puisque vous voilà prêts, munissez-vous de quelques provisions, car l'air de la mer stimule vivement les jeunes appétits, et partons.

Les marins, les ouvriers et les femmes qui s'agitaient la veille sur le quai étaient déjà au travail. On traversa le quai de la Vicomté et, après avoir longé les corderies, qu'une digue de cailloux roulés, apportés par les vagues, protége contre l'invasion de la mer, on fit une station auprès des bains à la lame. C'est un petit établissement, tout chétif, et cependant il reçoit chaque année un assez grand nombre de baigneurs, qu'attire l'air pur de notre vallée.

La mer, après avoir léché le pied de la falaise, se retirait lentement, découvrant une vaste étendue de rochers dont la surface assez unie est recouverte de varechs et de mousses marines, dont la teinte sombre contraste avec le blanc des calcaires formant un mur à pic qui s'élève à une grande hauteur et semble une barrière posée contre la fureur des vagues qui se brisent au pied de ce colosse de pierres.

Le parc de Simon le pêcheur va bientôt découvrir, dit M. Dumont ; vous le voyez là-bas qui montre au-dessus de l'eau sa forêt de gaules flexibles. Dirigeons-nous sur ce point, et, chemin faisant, je vais vous expliquer, pour ainsi dire, la théorie de cet engin.

Lorsque la marée monte, un grand nombre de poissons s'approchent des côtes, où le fond, recouvert d'algues, cache de petites espèces et des crustacés qui leur offrent une abondante pâture; le courant les entraîne vers le Nord. Voici comment les pêcheurs, qui avaient observé ces diverses circonstances, en ont tiré parti. Ils tendent sur de longues perches, enfoncées dans le roc et maintenues par des coins chassés à force, un filet qui présente au courant une muraille de mailles haute de plus de quatre mètres et souvent de plus de cent mètres de longueur; c'est la chasse. A l'extrémité vers la haute mer on établit un filet tendu circulairement et qui, se repliant un peu sur lui-même, laisse une entrée libre que la chasse vient séparer en deux parties égales. Le poisson, qui rencontre un obstacle, pousse au large pour le tourner; il aperçoit un vide et s'y précipite; il vient de s'enfermer dans une prison de mailles serrées, où il tourne sans trouver d'issue, jusqu'à ce que l'eau, se retirant, le laisse à la merci des pêcheurs.

C'est assez simple, et il faut, pensez-vous,

toute la naïveté d'un poisson pour s'y laisser prendre. J'ai pourtant vu des chiens enfermés dans ce cercle fatal et qui n'en pouvaient sortir qu'en rompant le filet.

On construit aussi des parcs de moindre dimension et dont la chambre, recouverte d'un chapeau, se termine par une espèce de nasse appelée *clivet*. Celui dont je me sers est construit ainsi, et nous irons le visiter plus tard, comme il est placé assez au large pour ne découvrir que pendant les grandes marées, ses perches se montrent à peine hors de l'eau.

Oh ! les beaux poissons, s'écrièrent les deux enfants en pénétrant dans le cercle, qui contenait une excellente pêche. Depuis longtemps la mer était ingrate, comme le disent les pêcheurs, et devant cette abondance inespérée le père Simon avait perdu sa gravité habituelle. Son bonnet était mis de travers et il se frottait joyeusement les mains.

Ces pauvres animaux, que l'eau, sans

laquelle ils ne peuvent vivre, venait de laisser sur un lit de varechs, sentant que la mort allait venir, s'agitaient en bonds furieux et s'efforçaient de rejoindre le fluide qui les abandonnait. Leurs écailles brillaient de cent façons, et leurs nageoires transparentes se raidissaient par un effort violent, offrant aux mains qui voulaient les saisir les pointes aiguës de leurs rayons. — Abstraction faite de la souffrance qu'ils enduraient, c'était magnifique, et nos jeunes gens n'avaient pas assez d'yeux pour admirer.

Tout en regardant ces poissons, dit M. Dumont, je vais vous faire connaître leurs noms et celles de leurs habitudes que l'on a pu observer.

Alors, reprit Simon, je vous laisse examiner ma pêche tout à loisir et, comme l'appétit vient en mangeant, je vais visiter les *Samnets* que j'ai placés dans une banque que la mer va bientôt abandonner. Si vous voulez causer, vous pouvez vous asseoir sur ma veste, et cette hotte vous fera aussi un siége assez commode. — Au revoir.

On prit place du mieux que l'on put, et M. Dumont s'exprima ainsi :

Les poissons sont des animaux à sang froid et rouge, doués d'un organe particulier, — les branchies, — qui leur permet de respirer dans l'eau. Toutes les espèces sont recouvertes d'écailles, si fines chez quelques-unes, qu'on ne les aperçoit que sur les peaux desséchées.

Les poissons entendent des sons et voient des objets assez éloignés ; mais ils ont surtout l'odorat très-fin et flairent leur proie à une grande distance ; ils sont guidés par ce sens, qui ne les trompe jamais. Ils sont munis, pour la plupart, d'une vessie natatoire à l'aide de laquelle ils peuvent s'élever à la surface de l'onde ou plonger dans ses profondeurs, selon qu'en introduisant l'air dans cette vessie ou en l'expulsant ils diminuent ou augmentent leur volume. Ces animaux, dont les formes sont très-variées, possèdent de puissants moyens de locomotion ; à l'aide de leurs nageoires, de leur queue surtout, ils se meuvent avec rapidité. Quelquefois ils s'élancent dans l'air à la poursuite des insectes, dont ils sont friands, et retombent en faisant jaillir l'eau, qui décrit au loin de vastes cercles.

Deux grandes divisions partagent cette immense famille : les *osseux* et les *cartilagineux*. Les individus qui, par leur force, leur voracité, sont les fléaux des habitants des mers et osent même attaquer l'homme, tels que les raies, les requins, etc., sont dépourvus de charpente osseuse.

J'ai cru devoir d'abord vous donner ces courtes explications ; examinons maintenant les diverses espèces qui s'agitent devant nous. Votre attention se porte, je le vois, sur ce gros poisson qui bat le roc de sa queue puissante et déploie ses nageoires ; commençons donc

par lui ; car je ne suivrai aucune méthode ,
et nous prendrons la fantaisie pour guide.

—

Le Bar * est remarquable par sa force et
son audace ; sa voracité lui a valu dans
quelques pays le nom de loup. Il se plaît
à l'embouchure des rivières , où il trouve
une nourriture abondante. Quand la mer ,
agitée par un vent du large , se brise sur le
rivage , il aime à bondir à la surface des
lames écumeuses , et certains pêcheurs le
prennent alors à l'aide d'un épervier. Du
reste , la gloutonnerie de ce poisson est telle ,
qu'il se jette sur tous les appâts qu'on lui
présente , se précipite dans tous les piéges
qu'il rencontre. Sa chair , estimée par les
Romains , est encore fort recherchée de nos
jours.

Bien que le poids du bar n'excède pas ordinairement cinq ou six kilogrammes , cer-

* Centropome Loup. Lacép.

tains individus atteignent de grandes dimensions et pèsent quinze kilogrammes et plus.
Ils sont la terreur des pêcheries, et souvent
la prise d'un de ces grands osseux a suffi
pour ramener l'abondance dans les parages
que sa présence rendait stériles.

—

Le Mulet * n'atteint jamais la grande taille
du bar, dont il ne partage pas les appétits
violents ; il ne mord jamais à l'hameçon.
Les mulets se réunissent en troupes nombreuses et, dans l'été, recherchent les eaux
de certains fleuves ; ils remontent fort loin
dans la Seine et y deviennent très-gras.
Souvent ils s'approchent du rivage et laissent, sur la vase qui recouvre le roc, de
longues traces, que les pêcheurs appellent
des léchures de mulet. Est-ce pour se
débarrasser par le frottement des insectes
qui s'attachent à leur peau ou pour avaler,

* Centropome Mulet. Lacép.

avec la vase où ils sont cachés, de petits vers? Je n'en sais rien.

Rarement prend-on un individu isolé, et vous en voyez la preuve.

Lorsque les mulets se trouvent pris dans une seine, ils cherchent à passer sous le filet, s'élancent au-dessus ou profitent de la moindre maille échappée pour se glisser hors du piége qui les enserre, et, quoique leur instinct se borne là, les pêcheurs les tiennent pour des poissons très-rusés, relativement, sans doute, à la stupidité de beaucoup d'autres espèces.

—

Quel est, dit Emile, ce beau poisson tout marqué de taches brunes?

C'est la Truite Saumonée*, prisée des gourmets et qui habite alternativement la mer et les eaux les plus limpides. Cet osseux, dont la force musculaire est très-développée, fran-

---

* Truite salmone, saumonée. Lacép.

chit, d'un élan vigoureux, les chutes qui font mouvoir les roues des usines si nombreuses sur nos cours d'eau, et se plaît dans les courants rapides, qu'à l'aide de ses puissantes nageoires il remonte avec vélocité. La truite creuse dans le sable un trou où elle dépose ses œufs ; cette espèce de nid décèle sa présence aux pêcheurs, qui se mettent à sa recherche, l'aperçoivent dans les eaux transparentes et s'en emparent bientôt à l'aide d'une foène * ou d'un épervier.

La truite atteint une assez forte taille ; la plus grosse que j'aie vue pesait six kilogrammes. Ses œufs sont gros ; elle produit par conséquent peu de frai, et cependant elle n'est pas rare. Son séjour dans les eaux douces la met dans sa jeunesse à l'abri de ses ennemis, auxquels, plus tard, elle échappe par sa merveilleuse rapidité.

---

* Sorte de fourche fixée à un long manche.

On trouve dans le même genre le Saumon,
dont la taille est beaucoup plus grande que
celle de la truite et qui, voyageant en troupes
nombreuses, remonte les grands fleuves et
parvient ainsi à une distance prodigieuse de
la mer. Dans certaines contrées, on le prend
en si grande quantité, qu'on est obligé,
pour tirer parti de cette pêche, de le saler
ou de le fumer. Comme il ne fréquente pas
nos côtes, nous ne nous occuperons pas davantage de lui.

—

Voici près de Henri un singulier animal,
dont la conformation diffère des individus
que nous venons d'examiner. C'est un
membre d'une nombreuse famille, celle des
Raies, qui appartient aux cartilagineux.

Ce genre renferme beaucoup d'espèces qui
sont un mets délicat et dont quelques-unes
atteignent jusqu'à quatre mètres de longueur. C'est un poisson vorace et redouté
des habitants de la mer. Ce que je pourrais

vous dire serait bien pâle auprès de la description de Lacépède, et vous me permettrez de citer cet auteur.

« C'est toujours au milieu des mers que les raies font leur séjour ; mais, suivant les différentes époques de l'année, elles changent d'habitation au milieu des flots de l'océan... Pendant que la mauvaise saison règne encore, c'est dans les profondeurs des mers qu'elles se cachent pour ainsi dire. C'est là que, souvent immobiles sur un fond de sable ou de vase, appliquant leur large corps sur le limon du fond des mers, se tenant en embuscade sous les algues et les autres plantes marines, dans les endroits assez voisins de la surface des eaux pour que la lumière du soleil puisse y parvenir et développer les germes de ces végétaux, elles méritent, loin du rivage, l'épithète de *Pélagiennes*, qui leur a été donné par plusieurs naturalistes. Elles la méritent encore cette dénomination de pélagiennes

lorsqu'après avoir attendu dans leurs retraites profondes des animaux dont elles se
nourrissent, elles se traînent sur cette même
vase, qui les a quelquefois recouvertes en
partie, sillonnent ce limon des mers et
étendent ainsi autour d'elles leurs embûches
et leurs recherches. Elles méritent surtout ce
nom d'habitantes de la haute mer, lorsque,
pressées de plus en plus par la faim, ou ef-
frayées par des troupes très-nombreuses d'ennemis dangereux, ou agitées par quelqu'autre
cause puissante, elles s'élèvent vers la surface des ondes, s'éloignent souvent de plus
en plus des côtes et, se livrant, au milieu
des régions des tempêtes, à une fuite préci-
pitée, mais le plus fréquemment à une poursuite obstinée et à une chasse terrible pour
leur proie, elles affrontent les vents et les
vagues en courroux, et, recourbant leur
queue, remuant avec force leurs larges nageoires, relevant leur vaste corps au-dessus
des ondes et le laissant retomber de tout son

poids, elles font jaillir au loin et avec bruit l'eau salée et écumante. Mais au printemps elles se pressent autour des rochers qui bordent les rivages, et elles pourraient alors être comptées passagèrement parmi les poissons littoraux. Soit qu'elles cherchent aussi auprès des côtes l'asile, le fond et la nourriture qui leur conviennent le mieux, ou soit qu'elles voguent loin de ces mêmes bords, elles attirent souvent l'attention des observateurs par la grande nappe d'eau qu'elles compriment et repoussent loin d'elles, et par l'espèce de tremblement qu'elles communiquent aux flots qui les environnent.

« Presqu'aucun habitant de la mer, si on en excepte les baleines, les autres cétacés et et quelques pleuronectes, ne présente, en effet, un corps aussi large et aussi aplati, une surface aussi plane et aussi étendue. Tenant toujours déployées leurs nageoires pectorales, que l'on a comparées à de grandes ailes ; se dirigeant au milieu des eaux par le moyen d'une queue très-longue, très-déliée et très-mobile; poursuivant avec promptitude les poissons qu'elles recherchent, et fendant les eaux pour tomber à l'improviste sur les animaux qu'elles sont près d'atteindre, comme l'oiseau de proie se précipite du haut des airs, il n'est pas surprenant qu'elles aient été assimilées, dans le moment où elles cinglent avec vitesse près de la surface de l'océan, à un très-grand oiseau, à un aigle puissant, qui, les ailes étendues, parcourt rapidement les diverses régions de l'atmosphère. Les plus forts et les plus grands de presque tous les poissons, comme l'aigle est le plus grand ou le plus fort des oiseaux, ne paraissant, en chassant les animaux plus faibles qu'elles, que céder à une nécessité impérieuse et au besoin de nourrir un corps volumineux; n'immolant pas de victimes à une cruauté inutile, douées d'ailleurs d'un instinct supérieur à celui des autres poissons osseux ou cartilagineux, les raies sont en effet les aigles

2.

de la mer ; l'océan est leur domaine, comme l'air est celui de l'aigle ; et de même que l'aigle s'élance dans les profondeurs de l'atmosphère, va chercher, sur des rochers déserts et sur des cimes escarpées, le repos après la victoire et la jouissance non troublée des fruits d'une chasse laborieuse, elles se plongent, après leurs courses et leurs combats, dans un des abîmes de la mer et trouvent dans cette retraite écartée un asile sûr et la tranquille possession de leurs conquêtes. »

Plusieurs espèces de raies sont armées d'aiguillons ou boucles qui hérissent la partie supérieure de leur corps et blessent cruellement les ennemis qui veulent les saisir.

La Torpille * n'atteint pas d'aussi grandes dimensions que la plupart des raies ; elle est plus faible, moins agile et par conséquent

---

* Raie Torpille. Lacép.

plus exposée à la dent des poissons, et les aiguillons dont elle est armée ne suffisent pas toujours pour l'en garantir. Mais, en revanche, la nature lui a donné une arme terrible. — Le poisson qui la poursuit, la main qui va l'atteindre sont frappés d'une commotion soudaine, d'une espèce de stupeur qui les paralyse pendant quelques instants et lui permet de fuir. La torpille jouit enfin de la singulière faculté d'accumuler le fluide électrique et de le lancer à son agresseur, sur lequel il produit un engourdissement semblable à celui que fait éprouver le choc du coude contre un corps dur. Après un certain nombre de décharges, l'animal perd sa puissance et ne la retrouve qu'à l'aide d'un long repos. L'approche de la mort produit sur lui le même effet, et l'on peut alors le prendre sans danger.

Mais j'aperçois Simon qui revient et ne paraît pas aussi heureux que tout-à-l'heure. Allons visiter nos filets et peut-être trouverons-nous là matière à de nouvelles instructions. Cependant, comme l'heure avance, nous nous bornerons aujourd'hui à explorer le rocher, amassant ainsi des matériaux pour nos futurs entretiens.

V.

Un domestique étant venu annoncer que la loge charretière d'une ferme appartenant à M. Dumont venait de s'écrouler, il fallait aviser à faire reconstruire ce bâtiment. La promenade au bord de la mer que l'on avait projetée fut alors convertie en une course à Colleville.

On prit donc une route qui longe la *Retenue*, immense marais qui, deux fois par jour, reçoit l'eau de la mer et où se mirent, d'un côté, la côte de la Vierge et la rue Sous-le-Bois ; de l'autre, Saint-Étienne et

les maisons qui l'avoisinent. A l'extrémité,
de jeunes peupliers, baignant à chaque marée leurs racines dans l'eau salée, forment
un agréable rideau de verdure.

A l'aide d'une écluse de chasse on retient
l'eau que la marée montante a introduite
dans cette vaste étendue, et l'on ouvre les
portes lorsqu'en se retirant la mer a laissé
l'avant-port à sec. L'eau se précipite alors
en torrent écumeux par un étroit passage,
et forme un courant rapide qui sape les bancs
de galet amoncelés à l'entrée du port, don-
nant ainsi à la passe la profondeur qu'exigent
les navires d'un fort tonnage. Privé de l'action de ces *chasses* énergiques, le port de-
viendrait bientôt impraticable.

Vous nous avez parlé hier, dit Émile à
son guide, de cordes, de seines, etc., engins
qui nous sont inconnus. Serait-ce abuser de
votre complaisance que de vous prier de
nous donner, tout en marchant, quelques
explications à ce sujet ?

Non, certes, répondit M. Dumont, et je vais tâcher de vous dépeindre clairement, et en quelques mots, les divers piéges que l'homme a inventés pour s'emparer d'êtres que le fluide où ils habitent semblait mettre à l'abri de ses poursuites.

—

On nomme *Cordes* une sorte de ligne composée qui s'établit ainsi :

Sur une corde plus ou moins longue, selon les endroits où on veut l'employer, on attache une certaine quantité d'*haims* *—garnis d'un appât—à l'aide de ficelles que l'on nomme empiles. Cet appareil peut se tendre au fond de la mer ou à la surface de l'eau, selon qu'il est lesté de cailloux ou garni de morceaux de liége qui l'empêchent de couler.

—

La *Seine* est un long filet, garni d'un côté

* Petites tiges de métal, recourbées et terminées en une pointe au-dessous de laquelle se trouve un crochet disposé dans une direction opposée.

par des balles de plomb qui le font toucher au sol , de l'autre par des flottes de liége dont la légèreté spécifique le maintient dans une position verticale ; il est monté sur deux ralingues qui se réunissent à chaque extrémité sur un bâton auquel une longue corde est attachée. Un homme, monté dans un canot, jette la seine à la mer en décrivant une demi-circonférence et vient atterrir assez loin de son point de départ. Il ne reste plus alors qu'à tirer à terre le filet, qui, balayant le fond, saisit tout le poisson qui se trouve dans l'espace qu'il embrasse et forme enfin une espèce de sac où il se trouve entassé sous la main des pêcheurs.

—

La *Folle* s'emploie surtout à la pêche de la raie. C'est un filet à larges mailles que l'on tend assez lâche pour que le poisson puisse s'embarrasser dans ses replis.

—

Le *Tramail* se compose de deux filets à

larges mailles, entre lesquels on place une nappe lâche et à mailles serrées. Le poisson, poussant ce dernier rets, le force à passer avec lui dans les grandes mailles et reste pris dans une poche qu'il a faite lui-même.

—

On construit, pour prendre les homards et divers autres crustacés, une nasse en filet que l'on nomme *Tambour*. On le monte sur un équarri auquel sont fixés trois cerceaux qui le font ressembler à un tonneau aplati sur un des points de son diamètre et dont chaque bout serait remplacé par un cône tronqué dont la pointe serait tournée vers l'intérieur. L'animal qui, suivant les contours de l'engin, réussit à y entrer, ne peut plus retrouver d'issue quand il en veut sortir.

Le *Samnet* est une sorte de tambour ouvert d'un seul bout et où aboutissent des rets assez longs et soutenus verticalement par des flottes de liége. C'est, vous le voyez, un petit parc, que l'on tend sans le secours de perches.

La *Chaudrette* se compose d'un cercle de fer suspendu à l'aide de trois cordes qui se réunissent et auquel est attaché un filet formant un cône renversé. Divers appâts attirent les poissons et les crustacés dans cette poche, où ils restent quand on la tire à soi.

—

On nomme *Épervier* un filet circulaire garni sur tous les points de sa circonférence de morceaux de plomb; au centre est fixée une longue corde. Pour se servir de ce filet, le pêcheur le place sur son bras gauche et, le saisissant de la main droite, il le lance avec force. Il se déploie et tombe sur le poisson effrayé avec la rapidité de l'oiseau de proie. C'est cette analogie qui lui a valu son nom.

—

L'engin le plus destructeur est sans contredit le *Chalut*. C'est un grand sac en filet, chargé vers le bas de son orifice d'une lourde barre de fer. Un navire sous voile entraîne avec force cette puissante machine, qui laboure le fond de la mer en engouffrant dans sa gueule béante tous les poissons qu'elle rencontre. On l'amène à bord à l'aide d'un guindeau et avec de grands efforts.

La force de cette machine est telle, qu'elle arrache souvent du sable où elles sont engravées des ancres et des pierres d'un poids considérable.

—

Ce sont là les divers engins que l'on emploie sur nos côtes ; encore Fécamp n'arme-t-il pas de chalutiers. Ceux que nous voyons de temps en temps viennent des ports de la Basse-Normandie.

Emile et Henri remercièrent M. Dumont de son inépuisable complaisance et se mirent à considérer le magnifique paysage qui se déroulait devant eux.

Cette coquette vallée, bordée de chaque côté par des bois taillis grimpant sur les pentes abruptes des côteaux, est arrosée par une petite rivière qui trace de nombreux méandres dans de vertes prairies où elle se déploie comme un ruban d'argent. La variété des sites en fait une promenade très-agréable.

***

Au retour, M. Dumont profita de l'attention que lui prêtaient ses jeunes auditeurs pour leur faire remarquer les modifications que l'action des eaux peut faire subir aux vallées qu'elles baignent.

Il est hors de doute, leur dit-il, qu'autrefois la mer s'avançait fort loin dans la vallée. Où nous voyons aujourd'hui des jardins, des prairies, flottaient jadis des barques de pêcheurs qui venaient chercher dans ce havre un abri contre la tempête.

Vous avez remarqué que les torrents formés par les pluies d'orage laissent après leur passage du sable et des graviers qu'ils roulaient avec eux ; cette observation va vous faire comprendre comment le terrain a pu s'élever au-dessus du niveau de la mer qui le recouvrait périodiquement. La rivière, trouvant à chaque marée un obstacle qui la faisait refluer vers sa source, laissait chaque fois déposer les matières organiques et terreuses que charriaient ses eaux ; la couche de vase du marais s'élevait donc d'une manière insensible, mais continue. Sous l'influence de cette action répétée, quelques îlots se couvrirent de verdure et purent servir de barrages autour desquels s'amoncelèrent de nouveaux dépôts de terre que l'herbe vint encore fixer et défendre contre l'action de l'eau. D'un autre côté, les pluies torrentielles, en causant de grandes inondations, apportèrent des couches d'une plus grande épaisseur et purent, comme j'en citerais maints exemples, en faisant glisser des côtes de vastes avalanches de terres, exhausser brusquement le sol et le mettre à l'abri des envahissements de la mer.

Les peuplades grossières habitant les forêts qui couvraient notre contrée profitèrent des efforts des agents naturels sans chercher à les diriger. Mais quand des besoins communs et un commencement de civilisation eurent développé les instincts sociaux, elles durent chercher à augmenter leur aisance, soit par les ressources qu'offrait la pêche, soit par les relations que la mer leur permettait de nouer avec les nations dont elles étaient séparées. Ce fut là sans doute le commencement de tout commerce maritime. Les progrès de la navigation, le besoin de visiter des parages éloignés perfectionnèrent l'art du constructeur et firent augmenter les dimensions des navires, partant, sentir la nécessité de créer un abri où ils pussent se réfugier, de créer un port enfin.

Ici la nature indiquait aux hommes ce qu'ils avaient à faire. Un poulier formé de cailloux roulés barrait l'entrée de la rivière, qui, de chaque côté, se créait un étroit passage. L'avant-port actuel, la Retenue, une partie du terrain que nous parcourons of-

fraient donc une baie intérieure que ce poulier abritait contre les vents du large. Un peu
plus loin , un banc de sable traçait en quelque sorte un port au milieu de cette baie.
Quelques travaux suffirent pour que ce banc
se convertît en chaussée , que plus tard on
rendit solide par un revêtement de pierres
et de charpente.

Pendant ce temps, les eaux, séjournant
plus calmes au sein de la vallée, formaient de
vastes atterrissements qu'une riche végétation
venait bientôt parer. La Retenue se trouvait
circonscrite dans les limites qu'elle a con-
servées, et un immense terrain était définiti-
vement conquis sur la mer.

Il fallut bientôt établir des écluses pour
pouvoir creuser l'unique chenal que l'on
crut devoir conserver, et une jetée s'avançant
dans la mer guida les navires qui quittaient
ou regagnaient la terre , et mit le port à l'abri
des vagues.

Ces divers travaux furent longtemps à

s'accomplir. Au douzième siècle, la chaussée n'existait pas encore. Trois cents ans plus tard, Fécamp possédait un quai et une jetée.

Il y avait, il est vrai, loin de ce port à celui que nous voyons à présent. Les travaux qui lui ont donné toute son importance sont même de date fort récente, et presque toutes les améliorations, à l'exception de la jetée du Sud, sont postérieures à 1830. Depuis cette époque, on a construit non-seulement un bassin à flot, qu'une large levée relie à l'intérieur de la ville, mais encore d'importantes parties de quais. L'ancienne jetée en bois a été entièrement convertie en un môle de pierres de taille, dallé de granit, sur lequel s'élève un élégant fanal, et deux estacades à claire-voie ont rendu facile une entrée qui n'était pas sans danger. Une nouvelle et élégante écluse de chasse a été construite auprès de l'ancienne machine, qui menaçait ruines et que l'on a détruite. Aujourd'hui on ajoute à la jetée du Sud un môle qui augmente sa longueur et doit encore améliorer l'entrée.

—

A la suite d'une pluie torrentielle, Fécamp fut inondé au mois de septembre 1842. Au Bail, dans la rue du Havre, l'eau atteignit une hauteur de plus de deux mètres, et, bien quelle se soit retirée assez rapidement, elle laissa sur le pavé et sur le sol de jardins établis sur d'anciennes alluvions, une couche de terre de deux décimètres d'épaisseur. Dans les jardins exhaussés par des inondations successives, on peut facilement distinguer ce que chacune d'elles a apporté de terre végétale ; car le sol se compose de couches superposées et bien distinctes.

Aujourd'hui, grâce à l'ouverture d'une rue nouvelle, la ville est à l'abri de ce fléau, que n'avait pu conjurer l'établissement d'un canal souterrain, construit à grands frais après l'inondation de 1824.

3.

VI.

Lᴀ marée montait, et plusieurs navires at-
tendaient en rade le signal qui devait leur
apprendre quand l'entrée serait praticable.
M. et Mᵐᵉ Gérard, désireux de jouir de ce
spectacle, accompagnèrent les enfants sur la
jetée du Nord.

Le gardien de la jetée avait établi une
longue perche, inclinée sur l'eau, au bout
de laquelle pendait une large chaudrette
qu'il descendait sur le galet ; puis il jetait,
en guise d'appât, des crabes, après les avoir

écrasés à l'aide d'un caillou dans une cuil-
lère de bois. Il pêchait ainsi bon nombre de
petits poissons dont les écailles resplendis-
saient d'un éclat argenté et que l'on nomme
PRÊTRE *, sans doute à cause de leur riche
vêtement. Ce poisson, dont d'innombrables
bandes fréquentent nos côtes pendant les
chaleurs de l'été, se jette goulûment sur les
menus appâts qu'on lui présente, et lorsque
l'on remonte la chaudrette il se broche souvent, c'est-à-dire qu'il introduit sa tête dans
les mailles du filet. Le corps est trop gros
pour pouvoir passer, et l'ouverture des branchies s'oppose à tout mouvement rétrograde.
Lorsque la chaudrette est ainsi garnie et
brille aux rayons du soleil, elle ressemble
à un lustre de cristal.

Le goût du prêtre est assez agréable, si on
le mange aussitôt pêché ; mais il est loin
d'égaler l'éperlan, dont nos marchands de

* Athérine Joël. LACÉP.

poisson lui donnent le nom depuis quelques années , trompant ainsi l'acheteur inexpérimenté.

Les enfants obtinrent du gardien , qu'appelaient ailleurs d'autres soins , la permission de se servir de son engin. Ils pêchèrent, avec de grands cris de joie , une cinquantaine de prêtres.

Ils prirent aussi quelques EQUILLES *, petit poisson à forme allongée , à museau pointu , qui s'enfonce dans le sable , soit pour y chercher des vers, dont il est très-friand, soit pour échapper à la poursuite de ses nombreux ennemis. Les pêcheurs, qui s'en servent comme appât, vont, à marée basse, le chercher dans sa retraite.

Ils voulurent à toute force emporter leur butin , qu'au retour il fallut leur préparer. — Ils trouvèrent leur poisson délicieux, travers ordinaire aux amateurs de la pêche,

---

* Ammodyte Appât. LACÉP.

qui déclarent excellent tout ce qu'ils ont pris, fût-ce du fretin, et, après cet exploit, Emile ne regarda plus sa ligne qu'avec un profond dédain.

Ces barques, dit M. Dumont, que la falaise nous masquait tout-à-l'heure, viennent de se livrer à la pêche du prêtre dans les *portes*. Elles prennent aussi là un poisson de médiocre qualité que les pêcheurs appellent Poule ou Gade *. Cet osseux abonde près des rochers recouverts de varechs, où il trouve les vers et les petits crustacés dont il fait sa nourriture; il donne quelquefois en si grande quantité dans les parcs, qu'il y forme une couches de plusieurs décimètres d'épaisseur. On pêche aux cordes d'assez grosses poules, dans l'hiver et au printemps.

Cet homme que vous voyez mélancoliquement couché sur le parapet de la jetée se livre à un exercice pour lequel Emile ne me

* Gade Tacaud. Lacép.

paraît pas avoir conservé une grande estime :
il pêche à la ligne. C'est un triste métier, mais
qui ne met pas en peine de lacer des filets
coûteux. Vous le voyez, une longue perche
non dépouillée de son écorce, à laquelle
pend, au bout d'une ficelle, un haim caché
sous un appât, c'est là tout l'appareil. La
ligne ne servirait-elle pas à ce flâneur de prétexte pour paresser quelques heures au soleil ? Non cependant : un poisson mord à
l'hameçon. — Il est même assez gros, et je
le reconnais pour un individu fort gourmand qui donne souvent tête baissée dans les
parcs : c'est un GRÉLIN *. Ce poisson, dont
la chair est sèche, courte et peu recherchée,
atteint assez souvent une longueur remarquable. La teinte noire de son dos lui a valu
le nom de charbonnier.

—

M. Dumont s'interrompit pour faire re-

* Gade Colin ou Charbonnier. LACÉP.

marquer un brick qui se présentait à l'entrée. Le vent, masqué par la côte, ne suffisant plus à le faire avancer, on lui jeta une amarre, et une foule de haleurs le remorquèrent jusques au quai. — Il fut suivi de plusieurs navires qu'il fallut aussi haler à force de bras. Enfin, un sloop d'un léger tonnage vint s'amarrer au quai, sur lequel il déposa les poissons qu'il venait de chaluter à une faible distance. — Bon nombre d'acheteurs se présentèrent à la criée, et chaque surenchère amenait des injures et des récriminations. Mais la vente ne s'en continuait pas moins, et nos jeunes gens purent voir là divers poissons qu'ils n'avaient pas encore rencontrés.

—

La Vive * n'atteint jamais une grande longueur. Ce poisson, dont le goût est agréable, et qui, se conservant longtemps, peut être

* Trachine. Lacép.

transporté à de grandes distances, est armé d'aiguillons qui blessent grièvement et causent même une fièvre violente.

Il se tient ordinairement sur le sable, où il s'enfonce avec promptitude lorsqu'un danger le menace.

—

Le ROUGE * est reconnaissable à sa grosse tête de forme presque cubique et revêtue d'une forte cuirasse. Le dos est d'un rouge brillant et le ventre argenté ; ces couleurs ne sont jamais plus belles que lorsqu'il a été pêché aux cordes par les barques d'Yport. La chair du rouge est ferme, dure même et peu estimée ; cependant on ne la dédaigne pas sur les côtes de la Normandie, où, grâce à une préparation toute locale, — la matelotte au cidre, — on en fait un mets agréable.

On apporte sur nos marché deux ou trois

* Trigle. LACÉP.

sortes de trigles qui ont à peu près les mêmes qualités. « Ces poissons font entendre, quand on les prend, dit Cuvier, des sons qui leur ont valu le nom de *Grondins*, *Gronaux*, *Corbeaux*, etc. »

—

Le ROUGET *, que nos pêcheurs appellent quelquefois avec emphase poisson royal, et le SURMULET **, remarquables par les belles couleurs dont ils sont revêtus , étaient prisés à une haute valeur par les anciens. Maints auteurs racontent qu'à l'époque où le peuple romain, dégénéré des austères vertus de ses ancêtres, cherchait de nouvelles jouissances dans les raffinements d'un luxe inouï, des hommes, que leur faste et leurs débauches ont rendus trop célèbres, sacrifiaient des sommes considérables à l'achat des rougets, dont ils emplissaient des viviers

* Mulle Rouget. LACÉP.
** Mulle Surmulet. LACÉP.

où pénétrait l'eau de la mer. « Les Romains, dit Cuvier, en avaient de vivants dans de petits ruisseaux qu'ils faisaient passer sous leurs tables, et un de leurs plaisirs était d'observer les nuances variées que ces poissons prenaient en mourant. »

Toutes les ressources de l'art culinaire étaient employées pour relever encore la saveur des mulles. Aujourd'hui que tous ces raffinements ont été abandonnés, on les tient encore pour d'excellents poissons.

—

La famille des *Pleuronectes* * offre une conformation qui leur est particulière. Ils sont comprimés de façon à présenter un aplatissement considérable : leur tête semble avoir subi une torsion qui en dérange la symétrie et, plaçant les deux yeux du même côté, leur donne la facilité de regarder autour d'eux, lorsqu'ils sont couchés sur le sable,

* Du grec *pleura*, flanc ; *néktes*, nageurs.

position qui leur est habituelle. Il en résulte un ensemble gauche qui ne permet pas de se douter avec quelle vitesse ils se meuvent. Leur puissante nageoire caudale frappe horizontalement l'eau ; mais s'ils avancent rapidement en ligne droite, ils ne peuvent changer de direction qu'en infléchissant leur corps et par conséquent avec assez de lenteur. Privés de vessie natatoire, ils quittent peu le fond, où ils semblent plus glisser que nager et où il leur est facile de se dissimuler à leurs ennemis, en restant immobiles. Ils se nourrissent non-seulement de vers, mais encore de petits crustacés, et surtout de moules, dont ils sont très-friands. On les pêche aux cordes, au chalut, dans les parcs, les tramails. La qualité de leur chair varie selon les fonds qu'ils fréquentent : là excellente, ici à peine mangeable.

—

La PLIE *, estimée à juste titre, surtout quand elle est prise sur un fond de roche, reçoit chez nous le nom de carrelet, sous lequel elle est seulement connue. Elle pèse jusqu'à sept ou huit kilogrammes et tient une place importante dans l'approvisionnement des marchés.

—

Le FLÉTAN atteint une longueur de six mètres et pèse quelquefois plus de cent cinquante kilogrammes. Il peut être classé parmi les plus grands habitants de la mer, et sa force est telle, que, blessé par le harpon des pêcheurs, il peut renverser leur canot, où ils ne le tirent qu'avec de grandes précautions. Ce poisson fréquente les mers du Nord. En Norwège, on en fait des salaisons d'une assez grande importance.

—

Le FLET est facile à reconnaître en ce que sa

* Pleuronecte Plie. LACÉP.

ligne dorsale est hérissée de petits aiguillons. Moins bon que la plie, il acquiert quelque qualité par un séjour prolongé dans les eaux douces, où il paraît se plaire aussi bien qu'à la mer et où il s'engraisse rapidement.

Dans certaines rivières on le pique sur la vase avec une foène.

—

La LIMANDE est un poisson de petite taille dont la chair est ferme et de bon goût. Sa peau rude lui a valu son nom.

Abondant autrefois sur nos côtes, l'emploi de filets destructeurs a rendu ce poisson assez rare.

—

Voici un pleuronecte fort laid, à la bouche difforme, que la finesse de son goût a fait surnommer la perdrix de la mer.

La SOLE mesure jusqu'à soixante centimètres. Comme ses congénères, elle habite les fonds vaseux et se tient volontiers à l'embouchure des rivières. Ses écailles adhèrent fortement à une peau assez épaisse pour qu'on puisse l'en dépouiller en entier.

Les petites soles sont souvent la proie des crabes, qui en détruisent beaucoup.

—

Le Turbot réunit à une grande taille une saveur délicate qui lui a valu le nom de faisan de la mer. Il a de tout temps attiré l'attention des gourmets, et aujourd'hui, comme au dix-septième siècle, il fait l'ornement des tables somptueuses. Il est très-vorace et se jette sur les petits poissons, auxquels il dissimule sa grande taille en s'enfouissant à demi dans la vase. On prétend qu'il refuse de mordre aux appâts qu'on lui présente et qu'il ne se nourrit que de proie vivante.

—

La Barbue, nommée carrelet dans certains endroits, sans jouir de la célébrité du turbot, mérite cependant d'être distinguée. Je ne sais où j'ai vu que c'est à la barbue qu'il faut rapporter une anecdote racontée par un satirique romain.

Au milieu de la nuit, Domitien fait assembler le sénat en toute hâte. Les pères conscrits, effrayés d'un ordre aussi insolite et redoutant quelque malheur, s'empressent de se rendre auprès de l'empereur.

Il s'agissait d'avoir leur avis sur la manière dont il convenait d'apprêter un énorme poisson qui arrivait d'Ischia !

VII.

On avait projeté une promenade matinale
sur la côte de la Vierge, où s'élèvent une chapelle, seul reste d'un bourg depuis longtemps
détruit, et un magnifique phare qui, jetant
au loin ses feux dans la nuit obscure, sert de
guide aux navigateurs perdus entre le ciel et
l'eau. Nos petits voyageurs, qui avaient dormi
tout d'un trait de ce sommeil profond qui
n'appartient qu'aux jeunes gens, s'éveillèrent
de grand matin, cherchant les rayons de soleil qui chaque jour brillaient dès leur réveil.

Hélas ! c'est surtout au bord de la mer que ce proverbe est vrai : Les jours se suivent, mais ne se ressemblent pas. Les variations de température sont tellement brusques, que l'on n'y fait presque pas usage de vêtements d'été. C'est là du reste un excellent usage ; car les alternatives de chaud et de froid qui se font sentir en quelques heures causeraient de graves accidents si la peau, moite encore, venait à ressentir les atteintes d'une brise froide, dont un tissu léger ne saurait la préserver. Les marins poussent à l'excès cette précaution hygiénique, ne quittant jamais leurs chemises de laine, ni leslour des casaques dont ils font usage. Les pénibles pêches d'hiver et la dure navigation de Terre-Neuve les ont habitués à en agir ainsi.

Il ventait, selon l'expression des matelots, à décorner les bœufs. Un lourd vent d'Ouest faisait trembler les maisons sous ses coups redoublés et éparpillait dans les rues ardoises et tuiles arrachées aux toitures.

4

La pluie fouettait par rafales, et les graviers enlevés du sol par la tempête rebondis-
saient sur les vitres. La grande voix de la
mer, dominant tout ce tumulte, faisait entendre au loin ses terribles mugissements.

Émile et Henri se levèrent donc, tristes de
leur partie manquée et presqu'effrayés de ce
bouleversement, auquel ils assistaient pour
la première fois. M. Dumont les consola et
leur dit qu'ils ne regretteraient pas d'avoir eu
l'occasion de comparer la mer tranquille
avec la mer rendue furieuse sous l'effort du
vent. Aussi, quand elle fut près d'atteindre
son plein, leur donna-t-il d'épais cabans, et
la petite troupe, renforcée par M. Gérard, qui
voulut être de la partie, s'achemina vers la
jetée.

La pluie avait cessé, mais le vent semblait
redoubler de fureur. Les eaux de l'avant-
port, ordinairement si tranquilles, étaient
couvertes de lames courtes et écumeuses,
sur lesquelles bondissaient les navires, qui

broyaient sous leur lourde masse les espares placés entre leurs coques et le quai pour les préserver de toute avarie. Les manœuvres, fouettant l'air, sifflaient d'une façon lugubre, et les girouettes mêlaient à tout ce bruit de rauques grincements. Les planches arrachées aux hautes piles de bois élevées sur le quai et sur le perrey volaient en l'air , et sur le pont de l'écluse de chasse il fallait se raidir contre le vent , auquel l'ouvert de la vallée donnait une plus grande puissance.

Enfin , après une lutte obstinée , on parvint à la batterie du cap Faguet , plate-forme taillée dans le versant de la côte de la Vierge et d'où l'on domine les jetées et la mer. La scène dont on pouvait saisir l'ensemble avait une grandeur , une majesté dont les plus poétiques descriptions ne sauraient donner une idée. Aussi , tout en essayant de tracer une légère esquisse, devons-nous tout d'abord avouer notre impuissance.

La mer s'était creusée en profonds sillons,

lames monstrueuses dont la crête blanchissait au souffle du vent, se succédant sans interruption pour venir se briser écumantes sur la grève, qu'elles couvraient d'une nappe verte où se traçaient mille blancs dessins et roulaient de gros cailloux avec un bruit terrible.

De temps en temps les jetées disparaissaient sous l'eau et les vagues s'élevaient contre le *pharillon*, dont elles dépassaient la lanterne, ou grimpaient le long de la falaise pour retomber en une pluie argentée.

Au-dessus des flots irrités les mouettes s'agitaient joyeuses et faisaient retentir l'air de leurs cris aigus.

Les étrangers qui considéraient ce spectacle, toujours nouveau même pour les habitants des côtes, craignaient que ces môles de pierres construits à grands frais ne cédassent à la violence de la mer. M. Dumont riait de ces terreurs. Il faisait remarquer que ces constructions, jetées, comme l'indique leur nom, au sein de la mer, présentaient sur tous les points une surface unie. Les pierres, assemblées avec une minutieuse précision et dont les joints sont enduits d'un ciment solide, n'offrent, disait-il, aucune solution de continuité où l'eau puisse pénétrer. On doit aussi remarquer que les vagues qui frappent le môle dévient de leur direction première, à cause de la légère courbure des parois, et perdent toute leur force. La perfection du travail, le soin avec lequel on les entretient, mettent donc ces masses de pierres à l'abri des chances de destruction qui menacent d'énormes roches que nous voyons s'amoindrir chaque année.

Il n'en est pas de même, il est vrai, lorsque les gros temps se font sentir pendant le cours des travaux : alors j'ai été témoin de dégâts effrayants. Les pierres, arrachées malgré les liens de fer qui les retiennent, deviennent le jouet des flots, qui les transportent à de grandes distances. Une marée détruit ainsi l'ouvrage de plusieurs mois.

Les commotions comme celle qui se fait sentir en ce moment ont quelquefois des conséquences fâcheuses pour la navigation, l'énorme quantité de galet qu'apporte la mer pouvant augmenter la hauteur du poulier et encombrer le chenal. D'autres fois encore la mer, reprenant ce qu'elle a donné, mine le perrey de telle sorte, que nous l'avons vue jeter ses vagues sur les corderies et inonder tout un quartier.

Bientôt un incident dramatique attira l'attention des curieux : deux voiles se montraient au large. Le gardien de la jetée s'élança au milieu des torrents d'eau et hissa le signal indiquant le danger qu'il y avait à tenter l'entrée. C'était un avertissement donné aux navigateurs de fuir une plage où les attendait un naufrage. Nul ne pouvait leur indiquer les passes ; car, par cette mer affreuse, il était impossible aux pilotes d'aller les guider.

L'un des navires, — un brick, — regagna le large comme à regret ; l'autre continua d'avancer avec rapidité, bien qu'il n'offrît au vent qu'une minime partie de sa voilure. C'était une barque de pêche, un *houry,* qui fuyait devant le temps et venait chercher un refuge dans son port d'armement. Il n'avait pas besoin de pilote : le moindre mousse connaissait l'entrée aussi bien que le premier marin venu.

Les spectateurs tremblants craignaient de le voir disparaître sous les vagues, entraînant avec lui son équipage, qu'attendait une mort affreuse.

Il avançait toujours, bondissant avec coquetterie sur la crête des lames.

Ce n'était plus le lourd bateau aux voiles souillées de goudron, qui s'étendait naguère paresseux le long du quai, attendant les filets et les barils que ses flancs devaient recéler, mais un hardi navire, obéissant à son gouvernail avec une merveilleuse docilité et, semblable à l'alcyon, se laissant bercer par la mer en courroux.

Il avançait, et déjà l'on voyait deux hommes, tenant avec force la barre qui servait à le diriger. Quant à leurs compagnons, appuyés sur le plat-bord, ils ne semblaient nullement émus. Bientôt le navire atteignit la jetée, élongea l'estacade avec aisance et, sur un signe du maître, les matelots se découvrirent et remercièrent Dieu qui leur avait permis d'échapper encore une fois aux dangers qu'ils devaient bientôt affronter de nouveau.

VIII.

Les plus petits poissons que la mer récèle
devienent, par leur abondance, la source
de la prospérité d'une nation maritime. Tel
produit, dédaigné sur la table du riche,
trouve cependant tant d'acheteurs, que des
flottes entières suffisent à peine pour en
approvisionner les marchés.

La pêche du Hareng * nous présente un
exemple frappant de la richesse que peuvent
répandre sur le littoral les innombrables

* Clupé Hareng. Lacép.

légions d'osseux qui se montrent périodiquement à la surface de la mer. Vous avez vu
quelle masse de filets et quelle quantité
d'hommes elle emploie. C'est que ce petit
poisson possède une qualité précieuse : — il
se prête à diverses préparations qui permettent de le conserver et de l'expédier au loin.

A une époque à peu près constante, la
mer se trouve littéralement couverte de
bandes de ces clupés, qui se pressent l'un
contre l'autre et se précipitent vers les côtes
pour y déposer leur frai. Ils se nourrissent
de petits crustacés, de vers marins et d'œufs
de poissons. Cette dernière nourriture les
engraisse et leur fait, dit-on, acquérir un
goût agréable.

On a prétendu que les harengs visitaient
chaque année presque toutes les mers du
globe ; on allait jusqu'à décrire la route
qu'ils suivaient sans jamais s'en écarter.
Sans les croire entièrement stationnaires,
on peut affirmer que leurs pérégrinations

s'opèrent sur une étendue assez restreinte.
Tout fait présumer qu'ils habitent une partie
de l'année les profondeurs de la mer, où
les engins des pêcheurs ne peuvent les atteindre. A certaines époques, sollicités par
un irrésistible instinct, ils s'approchent des
côtes en nageant à la surface de la mer,
qu'ils recouvrent d'un matière huileuse. Les
squales, les baleines, les oiseaux de mer
en détruisent des quantités incalculables ;
chaque année les pêcheurs semblent apporter à terre l'espèce entière, et cependant
leur nombre ne paraît pas diminuer.

Certaines années se distinguent par une
abondance extraordinaire. « Les pêcheurs
d'Etretat se sont longtemps souvenus, dit
Noël *, de l'incroyable quantité de harengs
qu'on prit en 1730, dans le courant du mois
de janvier; des bandes énormes de ce poisson passèrent le long des buttes du cap d'An-

* Essai sur le département de la Seine-Inférieure.

tifer jusqu'à la Hève, sans qu'on ait pu savoir à quoi en attribuer la cause. Ils étaient en si grand nombre, qu'ils bondissaient jusque sur le galet, et les parcs sédentaires de la côte en étaient tellement remplis à chaque marée, que les bras suffisaient à peine pour les vider à la basse mer ; on les prenait avec des trubles, des tamis ajustés au bout de perches, même avec des râteaux.»

Pareille manne tombe encore de temps en temps sur nos côtes, mais à la fin de la saison et lorsque le poisson, fatigué, est peu propre aux salaisons. Il faut donc ne pas l'attendre, mais aller à sa rencontre.

Les changements de direction qui éloignent ou rapprochent le hareng de certains points tiennent sans doute à l'absence ou à la présence de très-petites espèces dont il peut se nourrir, et aussi à ce que l'emploi de certains filets détruit les poissons qui venaient frayer sur notre littoral. Ce qui le ferait croire, c'est que les merlans, autrefois si communs chez nous, qu'ils se vendaient à vil prix, abondent encore et se jettent dans les parcs quand l'Eprot fréquente nos parages.

Une règle générale s'applique à tous les habitants de la mer : il n'est pas si petit individu qui ne trouve un plus petit à dévorer ; les poissons sont nombreux sur les points où leur chasse peut être fructueuse, s'éloignant quand l'appât vient à manquer.

La pêche du hareng est pratiquée sur les côtes de la Manche depuis de longues années. D'après Noël, Dieppe et Fécamp se livraient à cette industrie dès le onzième siècle. Au treizième siècle, les produits de notre contrée étaient si recherchés, que l'on disait *harengs de Fécamp* [*] pour signifier « harengs par excellence, comme on disait éperlans de Caudebec, etc. »

Elle peut se diviser en deux époques bien

[*] Proverbe du treizème siècle.

distinctes : la grande pêche et la pêche fraîche.

La première se fait à l'aide de grands navires, montés par vingt-cinq ou trente hommes, qui vont chercher le poisson jusqu'au nord de l'Ecosse. Chaque bateau embarque une grande quantité de seines, dont la réunion se nomme *tessure*. A la mer ces filets sont soutenus dans une position verticale par de petits barils remplis d'air qui font l'office de flottes. Les tessures mises bout à bout occupent une longueur de trois à quatre kilomètres. Le poisson, dont la présence se décèle par l'aspect huileux de la mer et une phosphorescence assez prononcée, se broche dans les mailles, comme vous avez vu l'athérine joël le faire.

C'est avec de pénibles efforts que l'on retire de la mer les filets chargés de poisson, et comme ce travail s'accomplit souvent par une saison rigoureuse, il se fait parmi les pêcheurs normands une grande consommation de cidre chaud, que des ganymèdes engoudronnés font circuler dans des *moques* de ferblanc. C'est le délice et la pièce d'estomac du pêcheur.

Voici le moment de parler de l'organisation patriarcale de ces équipages. Les hommes qui montent un bateau appartiennent souvent à la même commune. Ce sont des voisins, habitant les Dalles, Saint-Pierre-en-Port, Vaucotte, Yport, marins dans l'hiver, fabricant des filets dans l'été ou se livrant à d'autres travaux, à moins qu'ils ne fassent également la pêche du maquereau.

Le maître, choisi parmi les plus habiles ou les plus *chanceux*, quoique ne sachant pas lire le plus souvent, peut pointer sa route sur une carte marine et se retrouve toujours aux lieux qui lui sont familiers dès l'enfance. Il s'adjoint comme aide-de-camp le lettré du bord, chargé de tenir les écritures et qui prend fastueusement le titre d'écrivain.

La soumission envers le maître n'est pas absolue, on dispute même quelquefois ; cependant son autorité n'est jamais sérieusement contestée.

Les mousses, embarqués dès l'âge de neuf à dix ans, accompagnent ordinairement leur père et se trouvent encore en famille sur leur habitation flottante ; ils ne voient autour d'eux que des figures de connaissance, et leur apprentissage s'en trouve adouci. La sollicitude des pêcheurs pour ces enfants est remarquable, et souvent un vieux marin, se faisant instituteur, leur apprend le catéchisme. La leçon est de temps en temps interrompue par la brusquerie du maître, dont les expressions ne cadrent pas toujours avec les leçons qu'il veut graver dans la mémoire de son élève ; mais quand on se rappelle ce que ces hommes, enlevés à la terre dès leurs plus jeunes années, ont eu à supporter de labeurs et de privations, on se prend à leur pardonner des mots que l'on trouverait à juste titre grossiers et inconvenants dans la bouche de ceux qui ont reçu une éducation suivie. Cette rudesse n'est, du reste, qu'apparente et cache toujours chez eux un excellent cœur et un dévoûment sans bornes.

L'armateur, les matelots, les personnes qui fournissent des filets forment une association, et le produit se partage entr'eux selon des proportions établies d'avance, qui attribuent à chacun un certain nombre de *parts*.

Dans la grande pêche, lorsque le hareng est amené à bord, on s'empresse de le vider et de le placer dans des barils entre des couches de sel. Il peut ainsi se conserver jusqu'à ce qu'on le dépose à terre, où il subit de nouvelles manipulations, dont la plus importante est le *saurage*. Le poisson, suspendu à de légères baguettes que l'on introduit dans la bouche et l'ouïe, est exposé, dans une cheminée d'une construction particulière, à une épaisse fumée. La durée de cette opération donne au hareng des qualités différentes, selon qu'on la prolonge ou l'abrége, et, ainsi préparé, il peut se conserver très-longtemps. Quand il est parvenu à l'état de siccité, on le met dans des feuillettes et on l'expédie à Paris, à Bordeaux, etc.

On attribue à un Hollandais l'idée de conserver le hareng à l'aide du sel, et cette invention valut, parmi ses compatriotes, tant de considération à son auteur, que, séjournant dans les Flandres, Charles d'Autriche vint visiter son tombeau.

Cependant la priorité de cet usage est sérieusement revendiquée pour nos ports de la Manche.

D'après Noël, on se livrait chez nous à l'industrie des salaisons dès le onzième siècle. « Il est constant, dit-il, que tous les pêcheurs de nos côtes entre la Bresle et la Seine salaient le poisson qu'ils rapportaient de leur pêche ou qu'ils débarquaient dans les ports. Commençant par arracher aux Hollandais

la gloire d'avoir donné le jour à l'inventeur
de l'art de conserver le hareng, pour la resti-
tuer à ceux qui l'ont méritée, je dirai que
la méthode de saler le poisson, principalement le hareng, semble nous avoir été apportée par les Normands, puisqu'aucun des
actes capitulaires des rois des premières races
ne parle du poisson de mer salé et que les
plus anciens documents relatifs à l'art de
saler le hareng appartiennent aux Islandais,
aux Norwégiens, aux Suédois de la Baltique,
etc., qui ont précédé les Anglais, les Fla-
mands, les Français, dans l'exploitation des
richesses offertes avec profusion par les mers
qui baignent leurs côtes. Si aux preuves
tirées des décrets de l'histoire de ces trois
peuples du Nord, on joint les titres dont
l'Angleterre, la Flandre et la France pourraient argumenter pour réclamer l'honneur
de cette utile découverte, on verra que
Buckels, matelot hollandais, né à Bier-Vliet,
où il est mort sans qu'on sache trop en

quelle année, n'est point l'inventeur de cette méthode, puisqu'ayant vécu au plus tôt en 1397, des titres de 1080, 1086, 1088, 1170 pour nos ports de Dieppe, de Fécamp et du Tréport, fixent en notre faveur une priorité incontestable. »

—

La pêche fraîche ne dure que peu de temps ; elle se fait soit par les grands bateaux qui se rapprochent de leurs ports d'armement, soit par de légères barques armées à Yport et à Étretat, qui au retour sont salués par des acclamations joyeuses lorsque leurs bordages sont couverts d'écailles de poisson, ou, comme disent les marins, *de pièces de dix sous.*

Pendant le cours de cette pêche, le hareng prend plusieurs noms selon les diverses modifications qu'il présente : on nomme *pleins* les poissons dont la rogue ou la laite est formée ; *boursards*, lorsqu'elle est prête à s'échapper ; après le frai on les appelle harengs *gais*.

—

Les harengs attirent une grande quantité de *Squales*, que les pêcheurs nomment *chiens de mer*, et qui causent de grands dégâts dans les filets où ils se jettent, broyant les poissons déjà pris, dont ils font, selon l'expression consacrée, des *bougons*. Les marins normands détestent ce squale, qui est pour eux un véritable fléau, et rien ne peut rendre l'accent haineux avec lequel ils prononcent ces mots : *Les Kins*.

IX.

Le Maquereau [*], que vous avez eu souvent occasion de voir, car il est très-répandu dans les marchés de l'intérieur, est un magnifique poisson, d'une forme élégante, revêtu de couleurs agréables et doué d'énergiques moyens de locomotion.

Quoique très-vorace, il voyage en troupes nombreuses, qui paraissent vivre en bonne intelligence.

[*] Scombre Maquereau. Lacép.

On a dit de ces poissons qu'ils suivaient comme les harengs une route invariablement tracée. Il est plus rationnel de croire que le maquereau habite aussi le fond des mers, où il se montre à certaines époques, bien que la rapidité de sa marche lui permette de parcourir de grandes distances.

On trouve ce poisson sous des latitudes très-différentes, et, dans les mers du Nord, il hiverne d'une façon bizarre, à ce que rapporte Lacépède, d'après le vice-amiral Plé-ville-le-Peley. « On voit, dit-il, dans ces contrées boréales *, des enfoncements de la mer dans les terres, nommés *barachois* et tellement coupés par de petites pointes qui se croisent, que, dans tous les temps, les eaux y sont aussi calmes que dans le plus petit bassin. La profondeur de ces asiles diminue à raison de la proximité du rivage,

---

* Le long des côtes du Groënland, de la baie d'Hudson, de Terre-Neuve, etc.

et le fond en est généralement de vase molle
et de plantes marines. C'est dans ce fond
vaseux que les maquereaux cherchent à se
cacher pendant l'hiver et qu'ils enfoncent
leur tête et la partie antérieure de leur corps
jusqu'à la longueur d'un décimètre environ, tenant leurs queues élevées verticalement au-dessus du limon. On en trouve
des milliers enterrés ainsi à demi dans
chaque barachois, hérissant, pour ainsi
dire, de leurs queues redressées le fond de
ces bassins, au point que des marins, les
apercevant pour la première fois auprès de
la côte, ont craint d'approcher du rivage
dans leur chaloupe, de peur de la briser
contre une sorte particulière de banc ou
d'écueil. M. Pléville ne doute pas que la
surface des eaux de ces barachois ne soit
gelée pendant l'hiver et que l'épaisseur de
cette croûte de glace, ainsi que celle de la
couche de neige qui s'amoncèle au-dessus,
ne tempère beaucoup les effets de la rigueur

de la saison sur les maquereaux enfouis à
demi au-dessous de cette double couverture,
et ne contribue à conserver la vie de ces
animaux. Ce n'est qu'en juin que ces poissons reprennent une partie de leur activité,
s'élancent dans les flots et parcourent les
grands rivages. Il semble même que la stupeur ou l'engourdissement dans lequel ils
doivent avoir été plongés, pendant les très-
grands froids, ne se dissipe que par degrés :
leurs sens paraissent très-affaiblis pendant
une vingtaine de jours ; leur vue est alors si
débile, qu'on les croit aveugles, et qu'on les
prend facilement au filet. Après ce temps de
faiblesse, on est souvent forcé de renoncer
à cette manière de les pêcher ; les maquereaux, recouvrant entièrement l'usage de
leurs yeux, ne peuvent plus en quelque
sorte être pris qu'à l'hameçon ; mais comme
ils sont encore très-maigres et qu'ils se res-
sentent beaucoup de la longue diète qu'ils
ont éprouvée, ils sont très-avides d'appâts,

et on en fait une pêche très-abondante. »

La pêche du maquereau, industrie aussi fort ancienne *, est une branche de commerce importante pour Fécamp. Les bateaux qui ont fait la saison du hareng se dirigent, après quelques modifications à leur armement, vers le lieu de pêche, ordinairement sur un banc appelé la Petite-Sole, où ils tendent des filets à nappes simples que l'on nomme *manets* et dont la réunion en tessures occupe une grande longueur.

Cette pêche est surtout fructueuse lorsque la mer est agitée. On sale aussi ce poisson à bord, après en avoir extrait les rogues et les laites, que dans l'Ouest on emploie à la pêche de la sardine ; il est ensuite expédié à l'intérieur.

La pêche fraîche qui se faisait en grand autrefois a été abandonnée pour ces lointaines

---

* Il est question de la vente du maquereau dans un réglement de police de la ville d'Etampes, année 1179. — NOEL.

expéditions et ne se fait guère par des navires du port.

—

Il y a quelques années, Fécamp équipait
une nombreuse flottille pour la pêche du maquereau au *plomb*. Elle se composait de légers navires à *clins* * munis de deux mâts,
présentant aux faibles brises de juin un dé-
ploiement de voilure considérable eu égard
aux dimensions des bateaux. On jetait à la
mer de longues lignes auxquelles étaient at
tachés des haims dissimulés sous l'appât et
qu'un plomb pesant, en forme de poire, faisait descendre à la profondeur où se tient le
maquereau. Les embarcations venaient chaque jour au port ou, lorsque le temps était
favorable, envoyaient de légers canots porter
leurs poissons à terre.

* C'est-à-dire dont les bordages, au lieu de s'affleurer,
étaient superposés. Ce genre de construction est usité pour
les péniches.

Aujourd'hui ce genre de pêche est pratiqué par les bateaux d'Yport et d'Étretat.

—

En passant, je vous dirai qu'il n'est rien
de meilleur qu'un maquereau extrêmement
frais, cuit dans l'eau de mer, *secundùm artem*,
par un Yportais , transformé en cuisinier
pour cette importante préparation.

X.

Le ciel avait repris sa sérénité ; le soleil reparaissant dans toute sa splendeur , l'on pouvait enfin reprendre les promenades que le mauvais temps était venu interrompre si brusquement , et gravir la côte de la Vierge.

Toute la famille était de la partie. — On prit le chemin rapide que parcourent à toute heure les mères, les femmes , les sœurs de marins allant demander la protection de *Notre - Dame - de - Salut* pour ceux qu'une planche de quelques centimètres d'épaisseur sépare seule de l'abîme.

La pente est rude, et la fatigue rendit nécessaires de fréquentes stations, pendant lesquelles on put admirer à loisir les sites qui se déroulent comme un immense panorama et changent à mesure que l'on atteint une plus grande élévation.

Ce plateau, aujourd'hui désert, a vu s'élever des constructions à l'ensemble desquelles on avait donné le nom de Bourg-Beaudoin.

Peut-être, lorsque la vallée était encore inhabitable, avait-t-il été déjà choisi par les peuplades qui résidaient dans nos contrées, pour faire un de ces misérables amas de huttes où les Gaulois venaient se reposer de longues chasses à travers les bois et les marécages. Certaines analogies de position avec la cité de Limes, ville gauloise des environs de Dieppe, regardée comme un camp romain jusqu'à ce qu'un savant antiquaire, M. Féret, lui eût restitué sa véritable origine , donneraient peut-être quelque poids à cette opinion. Il serait cependant difficile d'en trouver des preuves sur un sol remué par de nombreuses générations.

La cité de Limes occupe un vaste plateau. Quelques dépressions que l'on apercevait sur ce terrain , défendu d'un côté par l'escarpement de la falaise , et sur les autres points par un fossé, donnèrent à M. Féret l'idée d'y faire des fouilles, et bientôt son zèle fut récompensé par une découverte qui donna de précieux renseignements sur les habitations gauloises.

Les peuplades du Nord , dont la misère contrastait avec la richesse de celles qui habitaient la Gaule Narbonnaise, creusaient, avant de construire leurs huttes, une enceinte circulaire dont le contour formait une muraille droite , puis , appuyant contre le sol des branches ou des troncs d'arbres qui se réunissaient en formant un cône, ils recouvraient ainsi le trou où se trouvait l'aire de l'habitation d'une toiture semblable , quant à la forme , à celles que les cultivateurs établissent sur les tas de blé que leur grange ne peut contenir.

On a retrouvé là des débris de moules que le rocher offrait à profusion à la basse mer ; ce mollusque subvenait, avec le porc et le gibier des forêts, à la nourriture de ces pauvres gens, dont, au dire des historiens , l'industrie était peu développée.

Le fer et le cuivre leur manquaient ; ils fabriquaient donc de petites haches avec des silex qu'à force de patience ils parvenaient à polir. L'une des habitations offrait un grand nombre de ces ustensiles à divers degrés d'achèvement, depuis le moment où l'ouvrier mettait le silex en œuvre jusqu'à celui où le tranchant devenait assez fin pour les usages auxquels on le destinait.

L'agriculture devait être forcément négligée dans un pays recouvert presqu'en entier de bois sombres ; mais l'usage des céréales n'y était pas inconnu, comme l'attestent les meules que l'on trouve assez fréquemment dans tout le pays de Caux.

Ces meules étaient faites en un poudingue composé de petits silex roulés, reliés entre eux par un grès rougeâtre. On en trouve de superbes échantillons à Vattetot-sur-Mer, et l'on peut supposer que les immenses excavations appelées *ferrières* ne sont que le résultat d'anciennes exploitations de ces poudingues, et non des mines de fer abandonnées depuis longtemps.

Du reste, ajouta M. Dumont, je laisse à plus habile que moi le soin de débrouiller cet écheveau ; j'ai toujours su mieux pointer une carte que m'orienter parmi les débris des générations passées.

Le Bourg-Beaudoin a dû être un village assez populeux, si l'on en juge par les dimensions de sa chapelle, lorsqu'elle existait en entier, et l'étendue de la ligne de fortifications dont il était entouré. C'était une position militaire d'une grande importance ; car la falaise et une pente abrupte, la défendant suffisamment, permettaient de concentrer toutes les forces de la garnison sur le point le plus faible, c'est-à-dire la plaine qui s'étend jusqu'à Senneville.

A cette hauteur, l'horizon s'agrandit et la majesté de la mer semble encore s'accroître. Approche-t-on du bord, on a peine à se défendre du vertige, tant l'abîme dont l'œil mesure la profondeur est effrayant. Malheur à l'imprudent sous les pieds duquel le sol viendrait à manquer !

Cependant, par un hasard providentiel, une personne a pu tomber de la falaise sans y trouver la mort, et ce fait est bien assez étonnant pour que je vous le raconte. — Puis, si vous le trouvez bon, je vous dirai le récit d'une audacieuse tentative qui vous montrera que ce mur de cent mètres de hauteur que vous admiriez de la jetée n'a pas toujours été un rempart aussi sûr qu'on pourrait le croire.

—

C'était pendant l'hiver. — Une épaisse couche de neige couvrait la campagne d'un blanc linceul et dérobait la trace des chemins. Après avoir passé la journée au marché de Fécamp, une dame, qui exploitait une ferme dans les environs, partit à cheval pour rejoindre son domicile. La nuit se faisait. Trompée par la teinte uniforme de la neige, elle quitta le chemin de Criquebœuf et s'approcha de la ligne de la falaise ; l'instinct de son cheval fut en défaut, et bientôt elle roula dans le précipice. Elle fut cependant assez heureuse pour se retenir dans sa chute à une saillie du roc, tandis que son cheval tombait brisé sur le galet. Elle s'y cramponna et passa la nuit dans cette horrible position. Le lendemain, lorsque quelques personnes, attirées par ses cris, purent venir à son secours, elle avait usé ses ongles

contre la roche, qu'elle étreignait convulsivement, craignant que son frêle appui ne
vînt à manquer.

—

A une époque où une longue guerre civile
désolait la France, il se trouva un homme
assez aventureux pour oser concevoir le pro-
jet de s'emparer du Bourg-Beaudoin par le
côté où il paraissait le mieux défendu. Je
pourrais arranger plus ou moins dramatique-
ment le récit de ce fait à ma façon; mais je
préfère vous le faire connaître par la narra-
tion qu'on en trouve dans les Mémoires de
Sully.

« Lorsque ce fort, dit-il, fut pris par
Biron sur la Ligue, il y avait dans la garnison qui en sortit un gentilhomme nommé
Bois-Rosé, homme de cœur et de tête, qui
remarqua exactement la place d'où on le
chassait, et, prenant ses précautions de
loin, fit en sorte que deux soldats qu'il
avait gagnés furent reçus dans la nouvelle

garnison que les royalistes établirent dans Fécamp. Le côté du fort qui donne sur la mer est un rocher de six cents pieds de haut, coupé en précipice, et dont la mer lave continuellement la base à la hauteur d'environ douze pieds, excepté pendant quatre ou cinq jours de l'année où, pendant la morte-eau, la mer laisse à sec, l'espace de trois ou quatre heures, le pied de cette falaise, avec quinze ou vingt toises de sable. Bois-Rosé, à qui toute autre voie était fermée pour surprendre une garnison attentive à la garde d'une place nouvellement prise, ne douta point que, s'il pouvait aborder en cet endroit, regardé comme inaccessible, il ne vînt à bout de son dessein. Il ne s'agissait plus que de rendre la chose possible ; et voici comment il s'y prit.

« Il était convenu d'un signal avec les deux soldats gagnés, et l'un d'eux l'attendait continuellement sur le haut du rocher, où il se tenait pendant tout le temps de la basse marée. Bois-Rosé, ayant profité d'une nuit fort noire, vint avec cinquante soldats déterminés et choisis exprès parmi des matelots et aborda avec deux chaloupes au bas du rocher. Il s'était encore muni d'un gros câble, égal en longueur à la hauteur de la falaise, et il y avait fait des nœuds de distance en distance et passé de courts bâtons pour pouvoir s'appuyer des pieds et des mains. Le soldat qui se tenait en faction, attendant le signal depuis six mois, ne l'eut pas plus tôt reçu, qu'il jeta du haut du précipice un cordeau auquel ceux d'en-bas lièrent le gros câble, qui fut guindé par ce moyen et attaché à l'entre-deux d'une embrasure avec un fort levier passé par une agrafe de fer faite à dessein. Bois-Rosé fit prendre les devants à deux sergents dont il connaissait la résolution, et ordonna aux cinquante soldats de s'attacher de même à cette espèce d'échelle, leurs armes liées autour de leurs corps, et de suivre à la file, se mettant lui-

même le dernier de tous, pour ôter aux
lâches toute espérance de retour. La chose
devint d'ailleurs impossible; car, avant qu'ils
fussent seulement à moitié du chemin, la
marée, qui avait monté de plus de six pieds,
avait emporté la chaloupe et faisait flotter le câble. La nécessité de se tirer d'un
pas difficile n'est pas toujours un garant
contre la peur, lorsqu'on a autant sujet de
s'y livrer. Qu'on se représente au naturel
ces cinquante hommes suspendus entre le
ciel et la terre au milieu des ténèbres,
ne tenant qu'à une machine si peu sûre,
qu'un léger manque de précaution, la tra-
hison d'un soldat mercenaire ou la moindre
peur pouvait les précipiter dans les abîmes
de la mer ou les écraser sur les rochers;
qu'on y joigne le bruit des vagues, la hauteur
du rocher, la lassitude et l'épuisement, il y
avait dans tout cela de quoi faire tourner la
tête au plus assuré de la troupe; comme elle
commença en effet à tourner à celui-là même

qui la conduisait. Ce sergent dit à ceux qui le suivaient qu'il ne pouvait plus monter et que le cœur lui défaillait. Bois-Rosé, à qui ce discours était passé de bouche en bouche, et qui s'en apercevait parce qu'on n'avançait plus, prend son parti sans balancer : il passe par-dessus le corps de tous les cinquante qui le précèdent, en les avertissant de se tenir ferme, et arrive jusqu'au premier, qu'il essaie d'abord de ranimer. Voyant que, par la douceur, il ne peut en venir à bout, il l'oblige, le poignard dans les reins, de monter, et sans doute que, s'il n'eût obéi, il l'aurait poignardé et précipité dans la mer. Enfin, la troupe, après toute la peine et le travail qu'on s'imagine, se trouva au haut de la falaise un peu avant la pointe du jour, et fut introduite par les deux soldats dans le château, où elle commença par massacrer sans miséricorde le corps de garde et les sentinelles. Le sommeil livra presque toute la garnison à la merci de l'ennemi, qui fit main basse sur tout ce qui résista et s'empara du fort *. »

Bois-Rosé, après ce hardi coup de main, ayant embrassé le parti du roi, auquel il remit Fécamp, pouvait sans orgueil espérer le commandement de cette place, et cependant son espoir fut déçu, et il arriva à lui et à M. de Rosny une singulière aventure que je trouve également dans les Mémoires de ce dernier.

« Bois-Rosé, ayant appris par le bruit public que le roi remettait à Villars le fort de Fécamp, et n'entendant rien dire de son dédommagement, résolut d'en porter ses plaintes au roi et, cherchant à s'appuyer du

* Aujourd'hui la mer quitte la falaise tous les jours, et en cela le récit de Sully peut paraître inexact. Quoique nous ayons vu des éboulements considérables, nous ne savons s'il est bien probable que de pareils changements aient pu s'opérer en moins de deux siècles. Faute de renseignements à ce sujet, nous devons nous borner à signaler cette différence, aussi bien que la hauteur excessive assignée à la falaise, qui semblerait assurer que sa partie la plus élevée **a été renversée dans la mer.**

6.

crédit de quelque gouverneur qui fût connu
de Sa Majesté, il vint à Louviers, pour demander une lettre de recommandation à du
Rollet, un moment après que j'y fus arrivé.
Il descendit à la même auberge, où on lui
dit d'abord qu'il venait d'arriver un homme
qu'à son train et aux discours de ses domesti-
ques on jugeait devoir être fort bien en cour.
On ne lui dit point mon nom, et Bois-Rosé,
qui me croyait encore à Rouen, n'avait
garde de le deviner. Il ne balança pas à pré-
férer la protection de ce seigneur à celle de
du Rollet, et, montant aussitôt dans ma
chambre, il me dit, après m'avoir appris qui
il était, qu'il avait bien sujet de se plaindre
d'un seigneur de la cour, nommé M. de
Rosny, qui, abusant de la faveur de son
maître, l'avait sacrifié, aussi bien que le duc
de Montpensier et le maréchal de Biron, à
l'amiral de Villars, son ancien ami. Ensuite
il m'expliqua ses demandes; ce qu'il fit d'une
manière si vive et si passionnée et avec tant

de jurements et de menaces contre ce M. de Rosny, que je ne trouvais rien d'aussi plaisant que le personnage que je jouais en cette occasion.

« Je pris la parole après qu'il eût jeté tout son feu... Je le congédiai en lui disant qu'il vînt me trouver lorsque je serais arrivé à la cour, où je lui promis de parler au roi pour lui faire obtenir l'équivalent de ce qu'il demandait. Il se retira aussi content de moi que mécontent de M. de Rosny. Mais, ayant demandé mon nom, au bas de l'escalier, à un de mes pages qu'il rencontra, il demeura si étourdi d'entendre nommer celui qu'il avait si peu ménagé en parlant à lui-même, que, craignant le ressentiment qu'il supposait que j'avais contre lui, il remonta à cheval dans l'instant, changea d'hôtellerie et ne songea plus qu'à continuer à toute bride sa route vers Paris, afin d'y arriver avant moi et d'y chercher de la protection contre les mauvais services que j'allais lui rendre.

« L'aventure ne finit pas là. Pendant que Bois-Rosé se précautionnait contre moi comme contre un ennemi irréconciliable, je pris ma route plus tranquillement par Mantes, d'où je devais amener mon épouse à Paris. Dès que j'y fus arrivé, la première chose que j'y fis fut d'aller rendre compte de mon voyage au roi, qui, selon sa coutume, voulut que je n'en omisse rien. Après que j'eus tout épuisé du côté sérieux, je voulus le réjouir de la scène de Louviers. Bois-Rosé n'avait eu garde de l'en instruire; il s'était contenté de supplier Sa Majesté de ne point ajouter foi à ce que je dirais contre lui, à cause d'une vieille haine que je lui portais. Le roi rit de bon cœur de l'aventure de Bois-Rosé. Je l'envoyai chercher. Il crut ses affaires désespérées, puisque c'était à moi qu'il avait eu le malheur d'être adressé. Je jouis quelque temps de son chagrin et de son embarras; ensuite je l'en tirai d'une manière qui le surprit beaucoup. Je sollicitai pour lui avec chaleur et lui fis obtenir une pension de douze mille livres, une compagnie avec appointements et deux mille écus en argent. Il n'en espérait pas tant ; mais, sa tracasserie à part, je le regardais comme un officier de cœur. Je me l'attachai même plus étroitement dans la suite, et je le crus digne de la lieutenance d'artillerie en Normandie, lorsque le roi m'en eut donné la grande maîtrise. »

Je vous ai répété, ajouta M. Dumont, mot à mot les paroles d'un contemporain de préférence à toute autre version, parce qu'il devait tenir les détails de l'escalade de la falaise de Bois-Rosé lui-même. Vous avez dû craindre un instant que le vaillant capitaine ne reçût pas le prix de son audacieuse intrépidité ; mais le beau caractère de Sully ne lui permit pas de songer un instant à se venger des récriminations d'un homme qui le croyait son ennemi ; bien au contraire, il le fit dignement récompenser. C'est là un bel exemple, malheureusement trop peu souvent suivi.

La petite aventure de Louviers nous donne d'utiles enseignements. Elle montre le danger de parler avec aigreur de personnes desquelles on croit souvent à tort avoir à se plaindre, et d'émettre ces appréciations devant des inconnus. Certes, Bois-Rosé a dû plus d'une fois regretter la mauvaise opinion qu'il avait de Sully.

Celui qui sait se taire a toujours à se louer de sa prudence; l'homme qui parle inconsidérément se prépare des repentirs.

—

Le souvenir de l'héroïque ascension de Bois-Rosé s'est conservé dans le pays qui en a été témoin, et le nom de ce capitaine est tracé sur le couronnement d'un de nos terre-neuviers ; tardif mais juste hommage rendu au courage d'un habitant du pays de Caux.

—

Nos promeneurs entrèrent dans la chapelle, où sont suspendus des *ex-voto* attachés

aux murs par les soins des navigateurs échap-
pés à de grands dangers. Puis ils se dirigèrent vers le phare, qu'ils se proposaient
de visiter dans tous ses détails.

La tour qui supporte l'appareil est une
construction carrée, soigneusement établie
en pierres de taille et au pied de laquelle se
trouvent les logements des gardiens et divers
appartements. On arrive à la lanterne par
un élégant escalier en spirale. Une énorme
lampe, alimentée par un mécanisme et dont
le bec est garni de plusieurs mèches cylindriques et superposées, est placé au centre
d'un système de glaces combinées de façon
à augmenter l'intensité de la lumière, qui,
à l'aide de cet ingénieux artifice, peut s'apercevoir à plus de trois myriamètres de distance.
Autour de la cage de verre où est enfermé
l'appareil, règne une galerie circulaire fort
élégante et munie d'une main courante en fer.

Ce phare est à feu fixe, c'est-à-dire que sa
lumière conserve toujours le même éclat,

tandis que d'autres offrent des différences dans l'intensité du foyer lumineux ou bien s'éclipsent pendant quelques instants pour briller et disparaître encore. Ces différences sont facilement appréciées des marins, auxquels elles fournissent de précieuses indications.

L'utilité des phares fut reconnue dès la plus haute antiquité ; mais ce n'était d'abord que des tours élévées, sur lesquelles on allumait un brasier que des gardiens alimentaient toute la nuit. Ce mode d'éclairage, tout vicieux qu'il était, fut cependant fort longtemps en usage, et c'est seulement vers la fin du dernier siècle qu'on appliqûa aux tours à feu la lampe d'Argant, placée au centre d'un miroir parabolique. Ce n'est que d'hier que d'ingénieuses combinaisons ont permis de donner aux phares toute leur puissance.

Parmi les phares les plus remarquables, on cite comme un chef-d'œuvre de solidité, d'élégance et de hardiesse, la tour du phare de l'île de Bréhat. Bàtie sur un rocher que recouvre la mer, elle a une hauteur de cinquante mètres. A la marée haute, sa base disparaît dans les flots, et l'aspect de cette tour ainsi isolée est saisissant.

—

Le phare d'Eddystone, situé dans la baie de Plymouth, aussi placé sur un rocher éloigné de la terre, a été d'abord renversé par la mer. Détruit ensuite par le feu, il fut reconstruit en pierres soigneusement assemblées. Achevé en 1758, il a depuis bravé la fureur des vagues et paraît destiné à durer autant que le rocher sur lequel il est bâti et avec lequel il forme un tout solide. Sa hauteur est de trente mètres.

En sa qualité d'ancien marin, M. Dumont ne tarissait pas sur les avantages du système de feux qui brillent sur tous les points des côtes de France, se reliant entr'eux et rendant chaque jour les naufrages moins fréquents *.

—

Avant de regagner le logis, on examina la ferme qui se cache derrière la chapelle. Qu'elle ressemble peu à ces verdoyantes masures qui, dans le pays de Caux, abritent leurs pommiers derrière un double rang d'arbres élevés ! Ici rien de semblable ; un mur élevé protége les bâtiments d'exploitation contre la fureur du vent, qui souffle avec une extrême violence sur ces hauteurs ; et n'étaient le fumier amoncelé non loin de

---

* Une législation barbare consacrait autrefois ce que l'on appelait le droit de bris et avait donné lieu à une coupable industrie. Des côtes inhospitalières s'éclairaient de feux que suivaient les navigateurs, croyant trouver un port, tandis que leur navire, s'échouant sur des récifs, devenait la proie des pillards qui avaient allumé ces feux trompeurs.

Cet abus déplorable s'est perpétué jusqu'à une époque rapprochée de nous, et ce n'est que sous Louis XIV que ce droit monstrueux a été rayé de nos codes.

l'écurie, les canards qui barbotent dans une mare fangeuse et les coqs qui grattent la terre, rien ne décèlerait une ferme.

Cependant on trouve tout près une grande étendue de terre labourable dont la fertilité est plus grande qu'on ne s'y attendrait, des ajoncs qui au printemps étalent leurs brillantes grappes de fleurs jaunes, et d'immenses pâturages où vaches et moutons paissent toute l'année.

Un tapis de verdure couvre les débris du Bourg-Beaudoin.

XI.

Depuis leur arrivée, Émile et Henri dési-
raient ardemment faire une promenade en
mer : ils n'avaient pas osé en exprimer le
vœu, mais avaient trahi cent fois leur secret
désir. Les craintes exagérées de Mme Gérard,
au sujet d'une aussi courte excursion, qui
devait s'accomplir par un beau temps,
avaient empêché M. Dumont de leur faire
aucune promesse à cet égard. Mais enfin,
après de longs raisonnements, cette promenade avait été décidée, et la bonne mère
devait être de la partie ; car pour rien au

monde elle n'eût voulu ne pas accompagner ses enfants où sa sollicitude maternelle craignait toujours un danger.

M. Dumont avait donné ses ordres, et la légère embarcation dont il se servait habituellement avait été soigneusement lavée par un vieux marin qui devait être du voyage. Sa voile blanche s'étendait avec grâce, et une longue flamme attachée à l'extrémité du mât ondoyait dans l'air.

Les enfants croyaient donc tout simplement aller faire un tour de jetée, lorsque, près du quai des Pilotes, ils aperçurent une barque coquette qu'ils se mirent à regarder. Le marin les invita à descendre, et ils ne purent résister à la tentation de s'asseoir un instant sur ces bancs étroits. Mais leur surprise fut grande lorsqu'ils virent leur mère, tenant par la main la petite Nini, venir prendre place à l'arrière ; puis le canot quitter le bord et la voile s'enfler au souffle de la brise.

Pataud avait regardé tout ces préparatifs avec une grande défiance : peu marin de sa nature, il ne paraissait pas disposé à confier sa vie au perfide élément,—comme on disait autrefois. Cependant, lorsqu'il vit l'espace s'agrandir entre la terre et le canot, ses bons sentiments l'emportèrent ; il ne put se résigner à abandonner ceux dont il partageait les jeux et, sautant bravement à l'eau, il les rejoignit bientôt à la nage ; puis, pour signaler son arrivée, secouant brusquement son poil, il les aspergea d'une fine pluie salée. On lui pardonna cette légère inconvenance en faveur de la preuve d'amitié qu'il venait de donner.

Émile et Henri ne se sentaient pas de joie et ne trouvaient pas assez de paroles pour remercier leurs parents de l'agréable surprise qu'ils leur avaient ménagée. Ils se laissaient aller au balancement du roulis, bien faible par un si beau temps, et ne se lassaient pas de regarder les falaises, qui leur paraissaient plus imposantes, et l'entreprise de Bois-Rosé leur semblait plus impossible encore qu'ils ne l'avaient trouvée.

Mais un nouveau plaisir auquel ils ne songeaient guère les attendait.

M. Dumont abaissa la voile et, s'emparant d'une bouée, il engagea ses compagnons à tirer de l'eau des *cordes* qu'il avait fait tendre la veille. — Ils se mirent tous deux à cette besogne et n'eurent pas d'abord lieu de se louer de leur pêche ; car ils avaient déjà amené quelques brasses de corde sans résultat ; tout-à-coup ils halèrent un énorme poisson, semblable à un serpent, gros comme la cuisse d'un homme et qui les regardait avec des yeux menaçants. — Cette apparition leur fit tant de peur, qu'ils lâchèrent le grelin sans plus se soucier du métier de pêcheur.

Le marin, qui n'avait pu s'empêcher de rire de leur terreur, prit leur place et tira le monstre à bord. C'était un Congre * de la

---

* Murène Congre. Lacép.

plus forte taille, qui balayait le fond du canot de sa puissante queue. Après une lutte corps à corps, il parvint à le *lover* * au fond d'une manne comme il eût fait d'un vieux câble.

Le congre, dit M. Dumont, a, comme vous le voyez, un corps très-allongé et cylindrique. Sa grande taille, — il atteint une longueur de deux mètres, — sa force, son agilité le rendent redoutable aux poissons qui s'approchent des côtes. Il se tient à l'embouchure des rivières ou bien, caché dans un creux de rocher, il guette sa proie, s'élance, la saisit de ses puissantes mâchoires, et, si elle résiste, il l'enlace dans les plis de son corps flexible.

Dans l'hiver, les congres semblent frappés de torpeur. Ils se réfugient dans des trous ou s'enfoncent dans la vase, où ils restent entrelacés jusqu'à ce que les douces influences du printemps viennent leur rendre toute leur énergie.

* *Lover*, rouler sur lui-même un câble que l'on amène à bord.

A la suite de violentes bourrasques on trouve quelquefois des paquets de ces murènes entraînées par les flots et meurtries contre les rochers.

Le congre entre dans l'alimentation ; à Paris il est vendu sous le nom d'anguille de mer. Fraîche, sa chair n'est pas désagréable ; mais elle se corrompt facilement et répand alors une odeur insupportable.

—

Mais continuons ; peut - être la ligne va-t-elle nous présenter des individus que nous ne connaissons pas.

Voici un bar. — Le gourmand n'a pu résister à la tentation ; peut-être a-t-il englouti un poisson déjà pris ; car son énorme gosier se prête à ces tours de force.

Puis une raie nous montre sa large et hideuse bouche.

Oh ! pour le coup, ceci est du nouveau.

—

7.

L'Orphie * est un des plus singuliers poissons que nous ayons. Il a la forme allongée de l'anguille ; sa robe est nuancée de brillants reflets et ses mâchoires, armées de dents aiguës, s'allongent de manière à former un long bec semblable à celui de la bécasse.

Rien de gracieux et d'agile comme ce poisson, lorsqu'il s'agite dans une eau limpide.

L'espèce qui fréquente nos côtes est longue de soixante centimètres. Ses arêtes offrent une belle teinte verte inhérente aux os et indépendante de la cuisson, à laquelle on l'attribue souvent à tort.

L'Orphie était plus abondante autrefois qu'à présent, bien qu'au printemps il s'en abatte des volées, — si l'on peut s'exprimer ainsi, — dans les parcs. Au seizième siècle, Fécamp armait, dit-on, des bateaux qui se livraient exclusivement à cette pêche.

* Esoce Belone. Lacép.

On prit encore une morue longue de cinquante centimètres. Mais, comme la pêche de cet osseux entraîne à des armements dispendieux et occupe un grand nombre d'hommes, M. Dumont promit de donner au retour quelques renseignements sur cet intéressant sujet.

—

Le produit de la campagne étant soigneusement placé dans la manne, on hissa la voile et le canot se mit à courir des bordées, menant jusqu'auprès d'Yport nos promeneurs, qui purent à loisir examiner cet *échou*. Là se dressent des cabestans destinés à haler les bateaux sur le perrey, et de vieux navires, soutenus sur des béquilles et couverts d'un toit de chaume, servent de magasins, terme utile et ordinaire dans ce pays de leur destinée aventureuse.

Yport est situé dans une gorge étroite. Cette bourgade, dont l'aspect était des plus tristes et des plus misérables, est sortie de sa longue apathie. Les constructions nouvelles y sont assez élégantes, et sa rue principale a vu disparaître les amas de fumier qui l'obstruaient dans toute sa longueur. Il y a certes encore beaucoup à faire pour arriver aux dernières limites du confort et de la propreté ; mais il faut tenir compte aux habitants des efforts qu'ils ont tentés pour secouer une négligence héréditaire.

La population d'Yport se compose en entier de pêcheurs, employés soit sur les côtes, soit aux grandes pêches du hareng, du maquereau ou de la morue. Ce sont des gens durs à la mer, de bons marins enfin. Autrefois Criquebœuf, village voisin, possédait seul une église. —Yport voulut avoir la sienne. Donc, il y a une douzaine d'années, hommes, femmes, enfants mirent la main à l'œuvre et amoncelèrent des tas de matériaux qui aidèrent à élever une chapelle, auprès de laquelle se trouvent aujourd'hui

de gentilles maisons. Non contents de cela,
ils prirent encore à leurs voisins leur cha-
ritable patron, — saint Martin, — et s'em-
parèrent d'une assemblée qui se tenait à
Criquebœuf le jour de la fête patronale.

Ce sont là des griefs qui ne s'oublient pas
facilement ; aussi je tiens les deux communes
pour irréconciliables.

Yport a eu singulièrement à souffrir de
l'inondation de 1842. L'eau, se précipitant
dans l'étroite vallée à l'extrémité de laquelle
il est bâti, formait un torrent dévastateur,
entraînant au large des débris de maisons,
de meubles et même des hommes auxquels
la force avait manqué pour lutter contre ce
fléau. C'était un lamentable spectacle que
cette rue creusée par l'eau, transformée en
un ravin au bord duquel se penchaient des
maisons à demi écroulées.

Tous ces désastres ont été réparés, et les
travaux que l'on a exécutés à diverses reprises
pour contenir le galet ou soutenir les terres

donnent à cet échou, encadré par les falaises, un aspect riant et coquet.

C'est un pays qui mérite pour son originalité d'être visité par les artistes. Ils y trouveront non-seulement des sites remarquables, mais encore de ces types que l'on s'empresse de fixer sur la toile, de peur de ne les plus retrouver.

—

L'on était arrivé à Grainval *, où de curieuses fontaines sourdent du milieu de la falaise. La première offrait autrefois une élégante saillie qui surplombait et figurait une sorte de coquille que l'on apercevait à travers la nappe d'eau qui la voilait sans la dérober aux regards. Le temps, l'action incessante de l'eau ont fait choir cette masse et à plusieurs reprises ont amoindri les saillies de ce rocher ; mais, quoique dépouillé d'une

* Ou Grandval, nom commun à plusieurs avalures de nos environs.

partie de ses ornements , les diverses teintes qu'il revêt sous l'influence de l'humidité , les mousses et les herbes qui le recouvrent lui donnent un aspect très-original.

La deuxième source n'est remarquable que par son abondance. Comme elle tombait d'une grande hauteur, on a mis cette circonstance à profit pour amener ses eaux , à l'aide d'un tunnel percé dans la falaise , jusque dans la ville , où elles alimentent des bornes-fontaines et un grand nombre de concessions particulières. *

Plus loin vers Yport on remarque un point de la falaise dont l'effet est magique. Un large pan de roc coupé à pic et dont la surface est parfaitement unie simule ces énormes constructions qui s'élancent dans l'air pour soutenir une flèche aiguë. Au bas de cette tour , à huit mètres du

---

* Ce travail a été conçu et dirigé par M. Biot, ouvrier maçon, qui l'a accompli à force de persévérance.

sol , coule une source chargée de carbonate de chaux. Le rocher d'où elle tombe a la forme élégante d'un porche et semble l'entrée mystérieuse de quelque sombre basilique. Vue lorsque le soleil couchant dore de ses rayons ses parois humides, cette fontaine est admirable.

Là les eaux revêtent bientôt d'une couche calcaire les objets qui sont soumis à leur action : des masses de mousse ainsi chargée prennent un aspect bizarre. Les curieux les recueillent et les emportent au loin.

—

Le vent fraîchissait, et M. Dumont jugea convenable de rentrer au port, au grand regret des jeunes gens.

Bien que fort aise de se retrouver à terre , Mme Gérard , rassurée par la prudence de son vieil ami , promit à ses enfants de leur permettre ces promenades toutes les fois que le même guide les dirigerait.

XII.

La morue exposée en vente chez les marchands de comestibles, masse de chair aplatie de forme triangulaire et recouverte d'une brillante couche de sel, ne ressemble guère à ce poisson à large bouche que nous avons retiré de la mer. C'est qu'elle a subi diverses préparations qui assurent sa conservation et en rendent la vente facile longtemps après l'époque de la pêche.

La Morue *, très-répandue dans toutes les

* Gade Morue. Lacép.

mers du Nord, ne se trouve guère passé le quarantième parallèle. On ne la voit par conséquent jamais dans la Méditerranée ; en revanche elle pullule jusque sous les glaces, et les lieux où nos pêcheurs vont la chercher sont : le banc de Terre-Neuve, à proximité de l'île de ce nom ; sur les côtes de l'Amérique Septentrionale et les mers qui baignent l'Islande.

Chaque année la France arme un grand nombre de navires pour cette pêche. Ce sont des bricks et des trois-mâts d'un assez fort tonnage, puisque certains navires expédiés par les armateurs de Fécamp peuvent contenir cent quarante mille et plus de cet osseux.

La manière d'apprêter la morue diffère selon les localités. Ainsi, à Granville, on embarque, outre les matelots, un certain nombre d'ouvriers qui lui font subir une lente dessiccation dans des établissements qui ont été créés dans la petite île de Saint-Pierre.

Fécamp n'ayant pas de sécheries, la préparation se fait à bord.

On apporte un soin extrême dans les armements ; car, dans ces parages, où l'on arrive de bonne heure et qu'on ne quitte qu'aux approches de la mauvaise saison, la navigation est très-pénible.

L'équipage est abondamment pourvu de vivres, de vin, d'eau-de-vie ; le capitaine a sous la main un coffre de médicaments dont une instruction détaillée lui indique l'emploi ; enfin, la cale contient la quantité de sel nécessaire aux salaisons, et trois grandes chaloupes à l'aide desquelles se fera la pêche sont placées sur le pont.

« Avant la révolution, * le port de Fécamp armait annuellement huit ou dix petits navires, presque tous ayant été des bateaux

* Note remise par un négociant de Fécamp à l'*Association Normande*, le 17 juillet 1850, et insérée dans l'Annuaire publié par cette société.

pêcheurs de harengs, que l'on avait radou-
bés tout exprès pour aller faire la pêche de
la morue sur le grand banc de Terre-Neuve.
Ces navires jaugeaient de soixante à quatre-
vingts tonneaux ; leur équipage se composait
de dix à douze marins, tout compris. La
pêche se faisait pendant que le navire était
en dérive, et chaque matelot, debout dans
un baril fixé sur le pont, sans autre mouvement que celui du bras, tenait, pendant
toute la durée du jour, une ligne avec un
plomb à la main, qu'il tirait à bord quand
il sentait que le poisson était pris. On était
souvent sept ou huit mois, et même plus,
à faire le voyage. Quand la réussite était
complète (ce qui n'arrivait pas tous les ans),
ces petits navires apportaient chacun douze
à quinze mille morues salées en vrac ou en
grenier, et tranchées au rond, qu'ils allaient
vendre à Dieppe ou à Honfleur, où étaient
des entrepôts de morues. La longueur du
temps que l'on était en mer, l'immobilité

des marins, par la méthode de pêcher à cette époque, et surtout la privation de nourriture rafraîchissante faisaient revenir ces marins avec la maladie du scorbut, dont quelques-uns succombaient avant l'arrivée au port. Quelques années avant 1789, un capitaine de Dieppe, nommé Sabot, frappé de la nécessité d'abréger le temps de la pêche, et plutôt dans le but de mieux réussir, eut l'idée de faire l'application de la méthode des lignes de fond, que les pêcheurs du Pollet pratiquaient si habilement dans les endroits les plus profonds de la Manche, et réussit parfaitement, en jetant le premier l'ancre sur le grand banc, à rapporter en fort peu de temps un chargement complet de morues. Il entreprit de suite, dans la même année, un second voyage, pendant lequel il réussit encore complètement. Encouragé par ce succès, il recommença les années suivantes, et fut imité par ses compatriotes, qui ne tardèrent pas à abandonner la méthode de pêcher en dérive pour adopter celle de lignes de fond. Nos marins de Fécamp durent aussi adopter cette méthode, quoiqu'elle fût défendue par le gouvernement, sous le prétexte que l'on était exposé à perdre des marins dans les chaloupes. Les ports de l'Ouest, qui avaient en vain sollicité cette autorisation, se mirent à employer cette méthode en cachette. Mais à peine avaient-ils commencé, que les guerres de la révolution mirent un obstacle à son développement, et ce n'est que depuis la paix qu'on a pu l'étendre et la perfectionner.

« On prépare le poisson de deux manières différentes : en *vrac* ou en *tonne* ; on appelle ces deux préparations *salé au vert*. La morue salée en vrac et tranchée au rond est consommée sans nouvelle manipulation ; c'est celle que nos navires apportent à Fécamp. Celle qui est tranchée au plat est destinée à être séchée ; elle est apportée directement des lieux de pêche, dans les ports voisins des endroits de consommation, tels que Bordeaux, la Rochelle, Cette, etc. On emploie pour ces morues des sels français de l'Ouest et du Midi et même des sels étrangers d'Espagne ou de Portugal. Pour l'autre méthode, qui nécessite une seconde préparation de *repaquage* à terre, avant la consommation, on emploie le plus communément des sels de Saint-Ubes (Portugal), parce que le grain de ce sel, étant très-blanc et moins menu que celui des sels de tous les autres marais, est aussi moins susceptible de fondre dans la saumure que conserve le tonneau. »

Le nombre des navires, qui était à Fécamp, en 1816, de deux, jaugeant cent cinquante tonneaux et employant vingt-cinq marins, s'élevait en 1849 à vingt-six, qui jaugeaient quatre mille six cents tonneaux et étaient montés par quatre cent soixante-sept matelots.

La gloutonnerie de la morue est incroyable, et je vais vous en citer un exemple qui, tout en ayant l'air d'une plaisanterie, n'en est pas moins très-véritable. — Un capitaine laissa tomber sa montre à la mer ; un instant après on la retrouvait dans le corps d'un gade que l'on venait de pêcher.

Elle possède la faculté de rejeter les corps qu'elle ne peut digérer, tels que morceaux de bois , de fer, etc., et cela explique comment elle examine si peu les objets qu'elle engloutit tout d'abord.

Quoiqu'on détruise chaque année une immense quantité de cet osseux , il n'y a pas lieu de redouter l'anéantissement de l'espèce. En effet , sa fécondité est telle , que l'on a compté jusqu'à neuf millions d'œufs dans une morue pesant vingt-cinq kilogrammes.

On extrait du foie de la morue une huile douée de propriétés qui la font souvent employer par les médecins.

—

Le genre des gades est très-nombreux.

Outre le grelin, le merlan, le gade dont je vous ai parlé, il renferme :

L'ÆGLEFIN *, qui a beaucoup de rapport avec la morue, dont il possède la glouton-nerie sans atteindre la même taille.

« SuivantAnderson **, la pêche de l'ægle-fin, que l'on fait auprès de l'embouchure de l'Elbe, a donné le moyen d'observer, d'une manière très-particulière, combien la morue est vorace et avec quelle prompti-tude elle digère ses aliments. Dans ces pa-rages, les pêcheurs d'æglefin laissent leurs hameçons sous l'eau pendant une marée, c'est-à-dire pendant six heures. Si un æglefin est pris dès le commencement de ces six heures, et qu'une morue se jette ensuite sur ce poisson, on trouve, en retirant la ligne, que la morue a déjà digéré l'æglefin, dont elle a pris la place au bout de l'hameçon ; et

* Gade.
** LACÉP.

ce fait mérite d'autant plus quelque attention qu'il paraît prouver que c'est particulièrement dans l'estomac et dans les sucs gastriques qui arrosent ce viscère que réside cette grande facilité, si souvent remarquée dans les morues, de décomposer avec rapidité les substances alimentaires.

—

Le Capelan, qui voyage en troupes nombreuses ; c'est l'appât dont se servent le plus souvent les pêcheurs à Terre-Neuve.

—

Le gade Mustelle, que nous appelons improprement lotte, poisson de forme allongée dont le dos est coloré en brun et qui vit, parmi les rochers et les algues, de petits crustacés.

XIII.

La petite Nini pria fort sérieusement
M. Dumont de lui montrer un de ces poissons
gros comme une maison , dont elle avait
entendu parler et qu'elle avait vainement
cherché à voir depuis son arrivée. Cela l'é-
tonnait beaucoup ; il lui semblait que l'on
devait apercevoir même de fort loin un animal d'une aussi grande taille.

M. Dumont lui répondit en souriant que
les baleines habitent les grandes mers et ne
se montrent que très-rarement dans des

gorges resserrées comme la Manche et qu'il n'en avait jamais vu dans nos parages. Mais il offrait de raconter le mode de pêche que l'on emploie pour s'emparer de ces cétacés et d'énumérer les produits qu'on en retire.

Cette proposition fut accueillie avec enthousiasme, et comme le temps était magnifique, on s'assit en plein air derrière l'établissement des bains à la lame, sur une verte pelouse qui fut jadis une batterie et où gisent encore quelques canons de fonte ; puis le narrateur habituel s'exprima ainsi :

—

Avant que l'homme eût pris possession de la terre sur laquelle il a établi son empire dévastateur, la surface du globe se composait de mers étendues et d'immenses marécages, recouverts d'une végétation luxuriante dont les forêts vierges du Nouveau-Monde ne peuvent donner qu'une idée imparfaite. Les fougères , les prêles qui dans nos prairies , sur un sol vieilli, ne mesurent que quelques décimètres , s'élevaient autant que nos plus hauts peupliers. — Dans ce dédale herbacé s'agitaient d'énormes sauriens ; et des quadrupèdes aujourd'hui disparus promenaient leurs grandes masses parmi les herbes géantes qui fournissaient une abondante nourriture à ces monstrueux animaux.

De tous ces êtres contemporains des premiers âges du monde la baleine seule se montre encore à la surface de la mer ; mais sa domination sur la plaine liquide a été troublée par l'audace de l'homme ; elle a fui devant les navigateurs et a cherché un refuge dans les mers les moins fréquentées. Vaine précaution ! le pêcheur la poursuit jusque dans ses plus lointaines retraites , et cette race , dont les individus ne présentent plus la grande taille de ceux qui avaient pu vivre en paix de longues années , menacée d'une destruction totale, prendra place un jour

dans les collections , à côté des espèces qui
ont dû céder le terrain aux envahissements
de l'homme.

La baleine est un mammifère qui appartient
à l'ordre des cétacés, animaux à sang chaud
et rouge, munis de mamelles qui secrètent
du lait ; ils forment une transition entre les
quadrupèdes et les poissons. Bien qu'elle
habite la mer, la baleine ne peut rester longtemps sous l'eau, l'air atmosphérique étant
nécessaire à son existence.

« Les individus de cette espèce , dit
Lacépéde, que l'on rencontre à une assez
grande distance du pôle arctique, ont depuis
vingt jusqu'à quarante mètres de longueur.
Leur circonférence dans l'endroit le plus gros
de leur tête, de leur corps ou de leur queue,
n'est pas toujours dans la même proportion
avec leur longueur totale. La plus grande
circonférence surpassait en effet la moitié de
la longueur totale dans un individu de seize
mètres de long ; elle n'égalait pas cette même

longueur totale dans d'autres individus longs de plus de trente mètres.

« Le poids de ces derniers individus surpassait cent cinquante kilogrammes.

« Vues de loin, les baleines paraissent une masse informe. On dirait que tout ce qui s'éloigne des autres êtres par un attribut très-frappant, tel que celui de la grandeur, s'en écarte aussi par le plus grand nombre de ses autres propriétés, et l'on croirait que, lorsque la nature façonne plus de matière, produit un plus grand volume, anime des organes plus étendus, elle est forcée, pour ainsi dire, d'employer des précautions particulières, de réunir des proportions peu communes, de fortifier les ressorts en les rapprochant, de consolider l'ensemble par la juxtaposition d'un très-grand nombre de parties et d'exclure ainsi ces rapports entre les dimensions que nous considérons comme les éléments de la beauté des formes, parce que nous les trouvons dans les objets les plus analogues à nos sens , à nos qualités , à nos modifications, et avec lesquels nous communiquons plus fréquemment.

« En s'approchant néanmoins de cette masse informe, on la voit en quelque sorte se changer en un tout mieux ordonné. On peut comparer ce gigantesque ensemble à une espèce de cylindre irrégulier, dont le diamètre est égal , ou à peu près , au tiers de la longueur.

« La tête forme la partie antérieure de ce cylindre démesuré ; son volume égale le quart et quelquefois le tiers du volume total de la baleine. Elle est convexe par-dessus, de manière à représenter une portion d'une large sphère. Vers le milieu de cette grande voûte et un peu sur le derrière , s'élève une bosse , sur laquelle sont placés les orifices des deux *évents*.

« On donne le nom d'évents à deux canaux qui partent du fond de la bouche, parcourent obliquement et en se courbant l'intérieur de la tête et aboutissent vers le milieu de sa partie supérieure. Le diamètre de leur orifice extérieur est ordinairement le centième ou environ de la longueur totale de l'individu.

« Ils servent à rejeter l'eau qui pénètre dans l'intérieur de la gueule de la baleine franche, ou à introduire jusqu'à son larynx, et par conséquent jusqu'à ses poumons, l'air nécessaire à la respiration de ce cétacé, lorsque ce grand mammifère nage à la surface de la mer, mais que sa tête est assez enfoncée dans l'eau pour qu'il ne puisse aspirer l'air par la bouche sans aspirer en même temps une trop grande quantité de fluide aqueux.»

Les sens sont peu développés chez les baleines et elles ne paraissent avoir quelque délicatesse de toucher que sous l'aisselle, où la mère serre ordinairement son petit lorsqu'elle fuit quelque danger. Leur mâchoire supérieure est armée de longues lames , d'apparence cornée, que l'on appelle fanons et qui dans les arts , sous le nom de *baleine* , servent à confectionner des buscs de corsets, des montures de parapluies, des cannes, etc.

Ces fanons servent en quelque sorte à tamiser les petits poissons et les mollusques lorsque la baleine referme son énorme gueule. Il est assez remarquable qu'un animal aussi gros se nourrisse d'individus de la plus petite taille , qu'il ne se donne pas même la peine de poursuivre, mais qui tombent dans le gouffre qui s'ouvre devant eux.

La baleine n'a ordinairement qu'un petit et elle lui présente la mamelle en s'inclinant sur le côté, pour qu'il puisse respirer pendant qu'il opère la succion nécessaire pour tirer le lait dont il se nourrit.

Le lard de ce cétacé fournit une grande quantité d'huile , et c'est surtout pour ce produit qu'on le recherche. On dit qu'autrefois on tirait quatre-vingts tonneaux d'huile d'un seul individu ; cette proportion est aujourd'hui fort réduite.

Les baleines étaient abondantes dans le golfe de Gascogne , où on les poursuivait depuis longtemps, lorsque, vers le quinzième siècle, les Basques qui se livraient à ces expéditions aventureuses, ne trouvant plus de sujets pour exercer leur adresse, portèrent leur industrie jusque sur les côtes du Canada et du Groënland.

Néanmoins, on voit de temps en temps des cétacés d'une taille remarquable s'échouer sur nos côtes. Ce sont de rares exceptions, et il n'est pas probable qu'ils fréquentent jamais des parages sillonnés par une foule de navires.

Plusieurs ports de France, le Havre notamment, arment des baleiniers. Ce sont de solides trois-mâts, munis d'un équipage nombreux et qui tiennent la mer fort longtemps.

Chaque navire embarque six longues et légères pirogues dont chaque extrémité se termine en pointe et qui sont suspendues au-dessus de l'eau de façon que la lame ne les atteigne pas et qu'en fort peu de temps on puisse les mettre à flot.

Lorsque l'on arrive dans les parages où l'on espère rencontrer des baleines , des vigies placées au haut des mâts interrogent en tous sens l'horizon ; à un signal les embarcations sont mises à l'eau.

Chaque pirogue est montée par six hommes: l'officier, le harponneur et quatre rameurs. Elle est munie de harpons , dards à angle obtus , de seize centimètres de hauteur et dont le haut forme un angle rentrant au milieu duquel se trouve une douille allongée qui reçoit un long manche (cet instrument est fabriqué en fer si ductile , qu'il peut se trouver tordu sans rompre pour cela) ; d'une ligne attachée au harpon et d'une longue lance dont l'extrémité tranchante décrit une portion de cercle.

Le harponneur s'apprête à lancer son arme redoutable ; on est si près , qu'un coup de queue de la baleine pourrait broyer la frêle embarcation. Mais le harpon pénètre dans ses chairs ; se sentant blessée , elle plonge rapidement , entraînant la ligne , qui se déroule en frottant sur le bord du canot avec une telle vitesse, qu'elle prendrait feu si l'on n'avait soin de la mouiller. — Bientôt la nécessité de respirer la fait reparaître , et un nouveau harpon l'atteint et la force à plonger encore. Enfin, ses forces l'abandonnent, et un coup de lance porté dans les parties vitales lui donne la mort. Elle expire dans une dernière convulsion et couvre les marins d'une pluie de sang qui jaillit de ses évents et rougit au loin la mer.

Le monstrueux cadavre est amené près du navire et attaché à ses flancs ; puis des hommes chaussés de souliers garnis de crampons de fer sautent sur la peau glissante et enlèvent de longs quartiers de lard que l'on amène sur le pont pour les convertir en huile dont on remplit les tonneaux rangés dans la cale.

Et le squelette, où pendent des débris sanglants, est abandonné à la mer, où il sert de pâture aux squales et aux oiseaux de mer.

La baleine franche n'est pas le seul cétacé que l'on chasse. On poursuit encore :

Le CACHALOT, qui contient en abondance une substance particulière que l'on nomme spermacéti ou blanc de baleine ;

Le BALEINOPTÈRE ou gibbar des Basques, plus long et plus mince que la baleine franche, qu'il surpasse en vitesse ;

Le JUBARTE des Basques et le RORQUAL.

Sous les Falaises — Les Troncaux chiens

XIV.

Le temps et la marée paraissant favo-
rables pour une partie de pêche sur les rochers, M. Dumont s'adjoignit un homme
expert à ce métier ; car il comptait peu sur
l'activité et l'adresse de ses petits compagnons : il pensait qu'ils s'amuseraient plutôt
à admirer les mille choses curieuses que présente ce long banc de pierres qu'à tendre les
chaudrettes et à remplir les hottes.

Chacun s'habilla de façon à ne pas craindre
un bain forcé, mit sur son dos une hotte

d'osier suspendue à une lisière, se coiffa d'un large chapeau de paille ; puis, armés de gaffes et munis de chaudrettes, nos pêcheurs ainsi équipés se dirigèrent vers le lieu de l'expédition.

Bien qu'elle eût déjà découvert une partie de la plage, la mer battait encore une grande masse calcaire qui s'avance dans la mer et au pied de laquelle se trouve, entre deux roches, un étroit passage que l'on nomme le *Trou-au-Chien*. La plage est déprimée sur ce point, où les eaux se retirent avec lenteur, pour revenir dès le début de la marée.

La petite troupe fit donc une halte sous la falaise ; mais le pêcheur sérieux se hasarda sur un chemin étroit et glissant taillé par la mer, et chercha à contourner l'obstacle qui semblait vouloir l'arrêter. Le pied lui manqua, il tomba dans l'eau jusqu'au menton ; mais il ne s'arrêta pas pour si peu et disparut bientôt, prenant ainsi une avance précieuse sur ses compagnons.

Ce n'était pas sans crainte qu'Emile et Henri regardaient le mur élevé au pied duquel ils se trouvaient et dont un fragment détaché par hasard pouvait les écraser. Ces malheurs ne sont pas sans exemple ; mais les éboulements n'ont généralement lieu qu'après que de fortes gelées ont désagrégé le roc, et ne sont pas à craindre dans le milieu de l'été.

M. Dumont tenait à donner à ses jeunes compagnons un peu de cette fermeté qui consiste non pas à courir inconsidérément au-devant d'un péril, mais à ne pas s'effrayer à tout propos d'un danger presqu'imaginaire. Il ne leur cacha donc pas que trop souvent des individus s'étaient trouvés ensevelis sous d'effrayantes avalanches de pierre. Il leur cita trois jeunes filles englouties à Elétot. * Il y a quelques années, leur dit-il encore, trois hommes trouvèrent la mort à Saint-Pierre-en-Port, et les efforts que l'on

* Dans son Essai, Noël raconte ce déplorable événement.

fit pour retrouver leurs corps furent inutiles.
Depuis fort longtemps Fécamp n'a pas été
témoin de semblables événements, et cependant une foule de pêcheurs passent chaque
jour sous les endroits les plus à redouter.
Vous devez comprendre que la crainte invo-
lontaire que vous avez éprouvée un moment
n'était que le résultat de la nouveauté des
objets qui se présentaient à vos yeux, et vous
êtes exposés chaque jour à des dangers plus
sérieux, que l'habitude, cette seconde nature,
vous empêche de remarquer.

Le passage devint libre, et l'on put admirer
des édifices taillés dans la pierre par l'action
des vagues qui, dans leurs caprices, ont élevé des voûtes en plein cintre sur d'énormes
piliers et sculpté des moulures gigantesques
au pied de la falaise. Cette partie du littoral
est trop négligée par les touristes, et nous
serions heureux si ces quelques mots, peu
dignes d'objets aussi remarquables, pouvaient
attirer leur attention.

Ces diverses constructions, — si l'on peut s'exprimer ainsi, — prennent le nom de portes, et nous avons vu que les pêcheurs de gades s'y rendent souvent et font là des marées fructueuses ; on leur donne aussi le nom de *Porte-au-Roi*, *Porte-à-la-Reine*. Nous ne connaissons pas l'étymologie de ces diverses désignations, dues peut-être au caprice, mais sur lesquelles un habile écrivain pourrait broder d'intéressantes légendes.

Ce fut presqu'à regret qu'Émile et Henri sortirent de leur contemplation et se mirent à pêcher.

Ils jetèrent donc à l'eau leurs chaudrettes, préalablement garnies d'un appât, en se conformant aux indications de leur guide ; puis, quelques instants après, se servant de leurs gaffes, ils les retirèrent sans les faire dévier de la ligne à plomb, et les halant avec de grandes précautions, ils eurent la satisfaction de voir quelques salicoques s'agiter au fond de leurs filets.

Stimulés par ce résultat, il s'empressèrent de remettre leurs engins à l'eau , sautant de rocher en rocher pour atteindre les endroits qu'on leur signalait comme offrant le plus de chances de succès.

La pêche durait depuis longtemps déjà lorsqu'Henri aperçut au fond de sa chaudrette une masse noirâtre qu'il voulut saisir ; aussitôt de longs bras garnis de ventouses s'allongèrent en le menaçant, et deux yeux brillants se fixèrent sur lui. Saisi d'effroi à la vue de l'animal monstrueux qu'il venait de pêcher, il voulut fuir ; mais, dans sa précipitation , son pied glissa sur les varechs humides et il tomba , en poussant un cri perçant, dans l'eau heureusement peu profonde en cet endroit. Quoi qu'il en soit, cette chute eût pu lui être fatale et il n'eût peut-être pas facilement regagné le bord, si M. Dumont, qui ne le perdait pas de vue, ne l'eût tiré de ce mauvais pas, tout penaud de sa déconfiture et croyant avoir mille monstres à ses trousses.

Il dépouilla ses habits mouillés et prit des vêtements de rechange qu'on avait eu soin d'apporter. Maudissant la mer, qui recélait d'aussi horribles bêtes dans son sein, il prit la pêche en aversion. Mais son mauvais destin n'était pas las de le tourmenter, et une nouvelle aventure lui était réservée.

Il était assis mélancoliquement sur le bord du rocher, lorsqu'il vit un singulier animal à dos ovale et aplati, qui courait assez vite à l'aide de longues pattes. Comme sa petite taille n'inspirait aucune crainte à notre pêcheur malencontreux, il voulut s'en emparer ; mais il l'avait à peine touché, qu'il se sentit pincé cruellement et se hâta de secouer sa main en criant du haut de son gosier. Le maudit animal tenait bon et ne paraissait pas disposé à céder. M. Dumont accourut encore à son secours, le débarrassa de son ennemi et l'engagea, de peur de nouveaux accidents, à ramasser certains coquillages tout-à-fait inoffensifs qu'il lui indiqua.

9.

Henri se vengea sur ces êtres innocents et remplit tellement sa hotte, qu'il ne pouvait plus la remuer.

Puis, ne sachant que faire, il prit son parti en philosophe et, tandis que les pêcheurs, s'agitant en tous sens, semblaient tout oublier, il éventra un pâté que contenait le panier aux provisions, y fit une large brèche, une saignée abondante à la bouteille, et ne se reposa de longtemps ; car le bain qu'il avait pris lui avait grandement ouvert l'appétit.

Enfin, ses compagnons, enchantés de leur pêche, le rejoignirent et ne purent cacher leur désappointement à la vue du dégât commis dans les vivres et, soupirant de voir leur part ainsi réduite, ils se vengèrent en raillant notre glouton de ses mésaventures. Il faut dire, à la louange de notre désastreux héros, qu'il essuya sans broncher ce feu roulant de plaisanteries. Il avait, comme on dit vulgairement, l'esprit bien fait, qualité précieuse que tous les jeunes gens doivent s'efforcer d'acquérir. Rien de plus désagréable en effet qu'un homme s'irritant de la plus innocente raillerie, se tenant raide et gourmé au milieu de ses semblables, croyant voir dans chacun d'eux un provocateur ou un ennemi.

C'est là un portrait fort laid et dans lequel aucun de nos jeunes lecteurs ne voudra se reconnaître.

Le panier vide, on se mit en route en prenant une direction contraire à celle que l'on avait suivie en venant. La petite troupe suivit son chef sans faire d'observation sur ce que cette manière d'agir avait d'étrange. On longea assez longtemps la grève et l'on franchit plusieurs éboulements assez élevés pour que la mer ne les recouvre pas. Dans l'été, des troupeaux de moutons viennent paître sur ces oasis, où des femmes amoncèlent de grands tas de varech auxquels on met le feu, pour en faire de la soude, substance employée à la fabrication du verre , du savon, etc.

Une avalure brusquement coupée à une assez grande hauteur du sol et d'où l'eau s'échappe par torrents dans les grandes pluies , donne accès à la plaine. On y monte par un escalier étroit, taillé dans le roc et se repliant sur lui-même. Là grimpent avec une agilité remarquable des femmes chaussées de lourds sabots et chargées de paniers pleins de linge , de moules ou de varech. On nomme ces degrés *Échelles de Senneville*, du nom de la commune sur le territoire de laquelle ils sont situés. Nos jeunes gens étaient trop souples pour s'effrayer de la difficulté d'un chemin qui eût pu faire réfléchir quelque gras citadin , accoutumé à de larges escaliers munis d'une rampe solide, et l'on entra bientôt dans la cour d'une ferme où l'on devait dîner.

M. et Mme Gérard étaient venus par la route nationale au rendez-vous qui leur avait été assigné, et les enfants les accueillirent avec de grandes démonstrations de joie. Ils voulaient vider les hottes pour exposer aux regards de leurs parents les crustacés, que recouvrait une légère couche de varech. M. Dumont s'y opposa et, trouvant que le plus pressé était de dîner, il dit qu'il allait prier que l'on voulût bien donner les ordres nécessaires pour que ces précieux animaux pussent figurer sur la table avec honneur et promit de surveiller cette importante opération.

En attendant, les pêcheurs fatigués s'étendirent sur l'herbe menue de la cour, à l'ombre d'un pommier qui leur offrait une agréable fraîcheur.

Quelques viandes froides garnissaient la table, que l'on dressa en plein air. Mais les yeux étaient surtout réjouis par deux pyramides de salicoques, étagées de façon à former une épi de leurs barbes réunies, et par deux assiettes comblées d'étrilles ; le tout d'un magnifique rouge qui faisait plaisir à voir. Henri fit la grimace et déclaira qu'il ne toucherait pas à ces vilaines bêtes, surtout sachant que celle qui l'avait si bien pincé se trouvait là. Il soutint, quoi qu'on pût dire, qu'un animal aussi méchant devait avoir un goût détestable. Les autres convives ne furent pas de son avis; tout y passa; il ne resta plus que les écailles.

En véridique historien nous ne devons pas omettre de dire que l'on termina ce festin improvisé par un plein bol de cette excellente crême recueillie lorsqu'elle commence à peine à surnager sur le lait et que l'on appelle *fleurette*.

Le marin, que le cidre de la ferme, et peut-être aussi une petite gourde dont M. Dumont s'était muni, avaient mis en belle humeur, voulut à toute force chanter une ode maritime composée par Pierre Bouline, ex-canonnier du *Terrible*, à l'occasion des régates qui eurent lieu en 1841, je crois, et dont nous donnons quelques couplets,

comme exemple de la correction des poésies
nautiques.

Quat'canots de pilotes,
Qui s'en venaient du port,
Se sont mis côte à côte
Pas par trop loin du bord.
Jaune, rouge et puis bleu,
C'étaient là leurs couleurs,
Et dedans. . . . .
Y avait d'fameux nageurs.

Tous ces quat'équipages
Ils étaient composés
De tous homm'de jeune âge,
Du métier d'charpentier.
Qu'il calmisse ou moutonne
Ça leur est bien égal.
La mer est toujours bonne
Pour qui ne la craint pas.

Les voilà qui s'élancent,
Rivalisant d'ardeur,
Et chaque canot pense
Qu'il sera le vainqueur.

Et voilà que l'on file,
A l'heure, au moins dix nœuds.
L'rouge, qu'est l'chef de file,
Est c'lui qu'a marché l'mieux.

La joûte recommence
Pour le deuxième prix.
Pour courir une aut'chance
Les voilà repartis.
Ils nag'nt avec courage,
D'aplomb sur les tolets,
Et l'on voit du rivage
Qu'ils ont d'soignés poignets.

Le jaune et bleu ensemble
Ont atteint leur bouée.
A chacun d'nous il semble
Que tous deux ont gagné.
Messieurs les commissaires,
L'ayant ainsi jugé,
Ont arrangé l'affaire
Et deux prix ont donné.

On voyait sur la rade
Des barques d'amateurs,

Qu'allaient en promenade,
Admirer les joûteurs.
Monsieur de Trémauville,
Venant d'Saint-Pierre-en-Port,
A salué la ville
En passant devant l'port.

Pendant que notre homme débitait ces singulières strophes, la nuit était venue. Il fallut songer au départ, et chacun fut fort aise de pouvoir s'étendre sur les bancs d'une bonne voiture au lieu de parcourir pédestrement une route trop longue pour des pêcheurs à leur début.

XV.

Henri dormit peu ; son sommeil fut agité.
Il s'imaginait voir toujours l'animal qui lui
avait fait une si belle peur et dont il exagérait
encore la laideur. Aussi réveilla-t-il de
bonne heure son frère, qui aurait volontiers
paressé longtemps, et eut-il recours à M. Dumont pour savoir ce que cela pouvait être.

Il apprit qu'il avait eu affaire au poulpe
commun, qui prend sur nos côtes le nom de
satrou ; il appartient à l'ordre des mollusques, animaux à sang blanc ou bleuâtre, qui

n'ont point de squelette articulé et qui se partagent en deux grandes divisions : les mollusques nus, dont quelques-uns ont dans l'épaisseur de leur manteau un corps d'une substance plus ou moins dure, et les mollusques testacés , qui sont cachés sous une coquille univalve ou bivalve.

—

Le poulpe, que l'on trouve encore souvent sur nos rivages, paraît y avoir été beaucoup plus commun autrefois. Son corps est composé d'un sac de forme ovale auquel sont attachés huit pieds ou bras charnus, coniques et garnis dans toute leur longueur de cupules ou ventouses à l'aide desquelles il peut adhérer avec une grande force à tous les corps qu'il saisit. La bouche contient deux mâchoires de substance cornée et en forme de bec de perroquet. Ainsi pourvu de moyens d'attaque , il possède encore , pour sa défense , un appareil qui lui permet de lancer une excrétion d'une teinte foncée qui obscurcit l'eau de la mer et le dérobe à ses ennemis.

Caché dans les anfractuosités de rochers, il se précipite sur les poissons qui passent à sa portée, les enlace des plis de ses longs bras, tandis que ses puissantes mâchoires les déchirent. La fureur du poulpe, dit l'abbé Dicquemare, qu'un long séjour au Havre a mis à même de faire de curieuses observations, — « presque toujours active, lors même qu'il est pris, fait qu'il s'élance sur sa proie comme par sauts. » Ses instincts destructeurs l'ont fait comparer au tigre, dont il a la férocité, détruisant non-seulement pour satisfaire sa faim, mais encore pour détruire. La coquille des crustacés, les pinces dont ils sont armés ne les mettent pas à l'abri de ses poursuites, et il en détruit une immense quantité.

Il nage en tous sens, et comme il peut vivre longtemps hors de l'eau, il va quelquefois chercher sur les rochers la proie qu'il ne trouve pas dans le fluide qu'il habite.

L'observateur que je viens de citer dit qu'il l'a vu, dans une ménagerie marine dont il avait conçu l'idée, « faire des courses, sortir par les fenêtres, gravir contre les murs. »

On a été jusqu'à dire, car le conte se glisse partout, qu'il montait sur les arbres pour en cueillir les fruits et les manger à défaut d'autre nourriture.

La bizarre conformation du poulpe, sa férocité, la puissante étreinte de ses longs bras, si irritables, que le simple contact d'une des ventouses suffit pour les attacher et que « cet effet a lieu lorsque l'animal est mort [*] » ; les accidents qui ont pu résulter trop souvent pour les nageurs imprudents de ses enlacements terribles [**] ont revêtu ce mollusque d'un prestige qui a pu donner

[*] L'abbé Dicquemare.

[**] Un auteur que l'on ne peut taxer d'exagération, Cuvier, dit des bras du poulpe, qu'ils sont des armes redoutables au moyen desquelles il enlace tous les animaux et a souvent fait périr des nageurs.

lieu à mille récits populaires, bizarres ou effrayants, que certains auteurs ont recueillis avec empressement.

Ainsi, l'habitude qu'a le poulpe de contrefaire le mort après une lutte avec l'homme, soit épuisement, soit calcul, a fait inventer une anecdote assez plaisante. Une femme, comptant faire son souper d'un de ces mollusques, l'avait mis dans la marmite. Grand fut son étonnement de ne l'y plus trouver au moment du repas. Le malin animal, sentant l'eau s'échauffer d'une façon désagréable pour lui, avait grimpé dans la cheminée et s'était réfugié sur les toits, où l'on eut beaucoup de mal à le rattraper.

Pline raconte qu'un énorme poulpe don les bras avaient dix mètres de longueur s'introduisit la nuit, en franchissant une palissade élevée, dans un magasin de salaisons dont i se rassasia après avoir brisé les vases qui les renfermaient. Les marchands, effrayés des dégâts qui se commettaient chez eux, firent veiller des gardiens, qui , d'abord effrayés à l'aspect du monstre , se rassurèrent bientôt , l'attaquèrent et le mirent en pièces.

Élien rapporte un fait pareil , arrivé , dit-il, dans la ville de Pouzolles.

Denys Montfort , qui s'est plu à compiler toutes les histoires relatives à cet animal , parle d'un *ex-voto* appendu dans la chapelle de Saint-Thomas , à Saint-Malo , où était représenté un poulpe gigantesque, sortant ses bras de l'eau et les étendant jusqu'à la hune d'un navire ; il prétend que ce tableau figurait un fait authentique.

Un capitaine mort à Dunkerque dans un âge avancé lui a, dit-il, raconté que , par le travers du cap de Bonne-Espérance , un poulpe se jeta sur trois hommes qui travaillaient en dehors de son navire , en entraîna deux au fond de la mer, et que le troisième, meurtri de cette terrible étreinte , mourut le lendemain.

Des marins nantuckais, attirés par le gouvernement à Dunkerque, pour y former, en quelque sorte, une école de pêche à la baleine, affirmaient, toujours d'après le même auteur, avoir trouvé dans la gueule d'un cétacé qu'ils venaient de pêcher un bras de poulpe d'une grande longueur.

Pour moi, ajouta M. Dumont, je n'ai qu'une médiocre confiance dans tous ces récits.

En effet, depuis de longues années de paix, le commerce maritime a pris une grande extension ; des baleiniers sillonnent en tous sens des mers lointaines ; des navires de guerre ont exploré des contrées inconnues jusqu'alors ou incomplètement visitées, et cependant rien de pareil ne s'est offert à nos modernes navigateurs ; et peut-être doit-on attribuer cela à l'instruction solide qu'ils acquièrent et à leurs habitudes d'observation. Je suis donc d'avis de mettre le poulpe colossal au même rang que le fameux serpent de mer, dont des journaux trop crédules signa-

laient de temps en temps l'effrayante apparition. Des observations récentes ont prouvé
que ce que l'on prenait pour un vaste corps
ondulant sur l'eau n'était que des amas
d'herbes marines , nombreux sous certaines
latitudes, occupant une grande longueur et
obéissant à tous les caprices de la lame ;
cela avait suffi pour tromper maintes fois
des esprits prévenus.

Je dois l'avouer , la frayeur à laquelle
Henri a cédé trop vite et qui lui a valu une
brusque immersion est excusable chez un
étourdi de son espèce ; car , si le poulpe ne
peut faire de graves blessures , il me semble
que l'application de ses ventouses sur la
peau doit être assez douloureuse. Cependant
nos pêcheurs ne s'en inquiètent guère , et je
n'ai jamais bien compris comment ils s'y
prennent pour le saisir impunément.

Le poulpe entrait dans l'alimentation des
anciens. A Rome , on l'estimait au point de
se servir, pour le préparer, d'un couteau de

roseaux , de peur que le contact du fer ne lui communiquât un mauvais goût.

Une épigramme qui nous a été conservée montre le cas que l'on a fait autrefois de ce mollusque.

Un gourmand, qui avait avalé avec avidité la moitié d'un gros poulpe , recevait le châtiment de son intempérance : il étouffait.

On fut quérir un médecin , qui , après avoir examiné le malade , lui dit laconiquement de se préparer à mourir.

Puisqu'il en est ainsi, dit notre homme, que l'on m'apporte ce que je n'ai pu manger !

Aujourd'hui ce mets , qui n'a rien de désagréable , n'est en usage que parmi les pêcheurs.

—

Je regrette de ne pouvoir vous montrer une Seiche ; car c'est un mollusque que sa conformation , non moins bizarre que celle du poulpe, rend fort remarquable.

Son manteau, garni de nageoires, enveloppe un têt calcaire, qui n'adhère pas au corps. Elle a huit bras, courts et garnis de cupules, et elle possède aussi une bourse à l'encre qui lui sert à troubler l'eau lorsqu'elle est inquiétée. Les dessinateurs emploient cette excrétion sous le nom de sépia, et l'on prétend que la bonne encre de Chine est le produit d'une variété de seiches.

Ce mollusque, dont les instincts carnassiers ne sont pas secondés par une grande force, ne vit que peu d'instants hors de l'eau. A sec sur le rocher, il fait entendre plusieurs fois une sorte de grognement et expire. Il s'approche du rivage en troupes nombreuses, et au printemps on en prend beaucoup dans les parcs, où les pêcheurs viennent les acheter pour en faire de l'appât.

La seiche dépose, dit Cuvier, « ses œufs attachés les uns aux autres en grappes rameuses, assez semblables à celles des raisins, et qu'on nomme vulgairement *raisins de mer*. »

Quoiqu'elle ne vaille absolument rien , on dit que les anciens la recherchaient, et en Grèce et en Italie les pauvres en font leur nourriture.

On trouve souvent sur le rivage un grand nombre de têts que l'on désigne sous le nom d'os de seiche. On les donne aux petits oiseaux pour s'aiguiser le bec, et l'on s'en sert dans les arts pour polir divers ouvrages ou mouler de petites pièces.

———

Le CALMAR, que nous appelons *Encornet*, a une forme allongée qui lui a valu son nom vulgaire. Deux nageoires existent à l'extrémité de son corps, qui renferme une lame de substance cornée. La tête porte huit bras garnis de ventouses et deux autres bras plus allongés et munis d'une seule cupule, qui servent à l'animal à se tenir comme à l'ancre sur les rochers. Comme les seiches, il porte une bourse à l'encre.

Le calmar abonde sur nos côtes ; il voyage en troupes qui se jettent dans les parcs , surtout par les nuits calmes et claires. C'est, comme disent les pêcheurs, qui en garnissent leurs lignes, un appât très-appelant.

On trouve souvent dans les flaques de petits calmars, longs de trois à quatre centimètres, dont les mouvements sont gracieux. Rien de plus agréable que les évolutions de ces petits animaux, qui, lorsqu'on les touche, lancent une goutte d'encre si petite, qu'elle ne suffit pas pour troubler la transparence de l'eau dans un rayon de quelques centimètres.

—

Quelques poulpes qui ne fréquentent pas nos mers habitent des coquilles , et vous devez avoir entendu parler de l'*Argonaute* , dont les habitudes sont fort extraordinaires. Il se sert de sa maison comme d'une nacelle, étend six longs bras , en guise de rames, et offre à la brise deux tentacules membra-

neuses qui font l'office de voiles. Un danger
vient-il menacer ce singulier navigateur, la
mer est-elle trop agitée, il rentre ses rames,
replie ses voiles et se laisse couler.

XVI.

Reprenons donc notre examen et fouillons, dit M. Dumont, dans la hotte si laborieusement comblée par Henri.

Voici d'abord une moule *. Ce mollusque est enfermé dans une coquille bivalve dont les deux parties sont bombées , d'égale longueur et forment un triangle. Il est si abondant, qu'il couvre littéralement certaines parties de rochers où il se fixe par un *byssus*,

* Mytilus edulis.

sorte de fil que possèdent plusieurs testacés. Souvent les moules disparaissent à moitié dans le sable que la mer dépose sur les endroits où elles se sont établies.

On recherche avec soin ce mollusque, dont le goût flatte généralement les palais les plus difficiles, et il s'en consomme d'énormes quantités. Son usage n'est cependant pas sans danger et est suivi quelquefois de douleurs de tête et de la sortie de boutons douloureux. On ne sait trop à quoi attribuer cette action malfaisante.

La moule, ainsi que plusieurs testacés, renferme souvent un petit crustacé que l'on nomme *pinopthère*.

« Les crustacés * de ce genre sont en général très-petits, et leur carapace très-molle ne pourrait les défendre que faiblement des attaques de leurs ennemis. Comme les pagures, ils trouvent une retraite assurée

---

* Desmarets, Dict. d'Histoire Nat.

dans les coquilles de la mer ; mais au lieu de choisir , comme ces derniers , des têts univalves vides, ils se logent dans des coquilles bivalves vivantes. Ce sont particulièrement celles des moules et des jambonneaux où on les rencontre. Ils ne font aucun mal à ces mollusques ; et tout le tort qu'ils peuvent leur causer, c'est de les gêner un peu dans leur habitation. Leur nourriture paraît consister dans les petits crustacés ou vers que l'eau introduit dans les coquilles où ils sont placés ; et il serait possible , ainsi que le pense M. Rillo, qu'ils vécussent de la matière glaireuse qui entoure ces animaux.

« Ces crustacés avaient été observés par les Grecs, qui les nommaient *pinnothères* ou *pinnophylax* , et qui leur avaient attribué des qualités fabuleuses. Ainsi , ils disaient que ces animaux étaient les gardiens et les défenseurs nés des mollusques avec lesquels on les trouve, qu'ils les protégeaient contre les attaques de leurs ennemis , et qu'ils

voyaient pour eux, et qu'en les pinçant, ils
les avertissaient à temps de clore les valves
de leur têt, soit pour éviter une atteinte, soit
pour enfermer une proie que le mouvement
de l'eau aurait amenée à portée d'être
saisie, etc. »

—

La *Patelle* * , que nous appelons lampote,
est recouverte d'une coquille en forme de
cône évasé. Bien qu'elle puisse changer de
place, elle se meut avec lenteur et met un
temps considérable à accomplir ses courtes
pérégrinations. Elle adhère avec une grande
force aux rochers que recouvre et découvre
alternativement la mer, et on ne peut guère
l'enlever qu'à l'aide d'un couteau. La patelle
est coriace, d'un goût peu agréable. On en
fait cependant une assez grande consommation sur nos côtes, et souvent les pêcheurs
l'avalent crue, comme ils feraient d'une
huître.

* Patella.

Cette coquille tournée en volute comme celle d'un limaçon appartient à un gastéro-pode * qui se trouve en abondance sur les rochers, où il se fixe souvent à une telle hauteur, que chaque marée ne le dérobe aux regards que pendant trois ou quatre heures : c'est le Vignot **. L'entrée de sa coquille est fermée par un opercule, et il élève deux tentacules lorsqu'il rampe dans l'eau. Un long séjour hors du fluide aqueux le fait sortir, et il rampe avec assez de vitesse le long des vases, où l'on en amoncèle d'assez grandes quantités ; car beaucoup de personnes en aiment le goût.

Chaque matin, de jeunes filles d'Yport viennent vendre des vignots dans les rues de Fécamp. Autrefois elles offraient ce mollusque tout cuit aux consommateurs ; mais cette habitude s'est perdue.

---

* Mollusques qui rampent sur le ventre.
** Turbo Littoreus.

C'est une affaire que de manger des vignots ; il faut , pour les dégager de leurs coquilles, à l'aide d'une épingle , une adresse qui ne s'acquiert que par l'habitude et une patience qui m'a toujours fait défaut.

—

On désigne encore vulgairement sous ce même nom ou sous celui de vignotes, de jolies coquilles verdâtres et brillantes et des coquilles blanches qui appartiennent soit aux Trochus, soit aux Buccins.

—

Henri a par hasard trouvé une Huitre [*] que la vague avait jetée sur la grève.

Ce mollusque , dont les valves sont rudes, irrégulières et inégales , se fixe aux rochers , où il forme des bancs immenses d'individus agglomérés. Les pêcheurs vont les recueillir à l'aide de dragues propres à cet usage.

[*] Ostrea.

Lorsqu'elle est ainsi tirée du fond de la mer, l'huître est laiteuse et ne mériterait pas la préférence qu'ont toujours eue pour elle les gourmands de toutes les époques et de tous les pays. Il lui faut, pour la rendre digne d'être livrée à la consommation, des soins multipliés. On amasse une grande quantité de ces mollusques dans des parcs, grands bassins rectangulaires, où on laisse pénétrer l'eau de la mer, soit à chaque marée, soit seulement lorsque les hommes chargés de ce soin le jugent convenable. On pousse la précaution jusqu'à les placer à des profondeurs différentes et à éviter qu'ils ne se trouvent entassés l'un sur l'autre et forment ainsi des couches trop épaisses, et, grâce à toutes ces attentions, l'huître acquiert des qualités précieuses. Il s'en fait une si grande consommation, que l'on pourrait craindre d'en voir disparaître l'espèce si sa prodigieuse fécondité ne la mettait à l'abri de toutes chances de destruction.

On trouve l'huître dans toutes les mers. La petite huître de la Méditerranée était estimée des Romains, passés maîtres en fait de gourmandise, de ce que Montaigne appelle énergiquement — science de la gueule. — Ils se livraient à de longues discussions sur l'influence des fonds sur ce comestible, et si Pline affectionne les huîtres de Cyrique, Ausone préfère celle que l'on pêche sur les côtes de la Bretagne.

Il y a près de Fécamp un banc d'huîtres dont l'exploitation a été abandonnée, je ne sais pourquoi.

Tout récemment on a découvert, non loin du Havre, un gisement fort étendu. On avait fondé sur cette découverte de grandes espérances qui n'ont pas été complètement réalisées. Cependant, si les huîtres du banc de Seine ne valent pas celles que l'on tire de Cancale, elles entrent néanmoins pour une bonne part dans la consommation et ont fait baisser le haut prix auquel les vendeurs tenaient ces dernières.

L'huître, privée de moyens de locomotion, vit et meurt à l'endroit où elle est née, à moins qu'un accident ne vienne l'arracher à la retraite que le hasard lui avait donnée. Elle ouvre ses valves à la marée montante, — vous pourrez le voir dans les parcs que l'on a établis derrière la caserne de la douane, — et les referme lorsque l'eau lui a amené sa nourriture ou que vient la menacer un ennemi, qu'elle peut braver sous son épaisse enveloppe.

Oui, je sais, s'écria Emile. Cette habitude d'un animal qui obéit en se cachant à un instinct irréfléchi fait le sujet d'une fable de La Fontaine, que j'ai apprise il y a peu de temps.

Un rat, hôte d'un champ, rat de peu de cervelle,
Des lares paternels un jour se trouva soû.
Il laisse là le champ, le grain et la javelle,
Va courir le pays, abandonne son trou.

Sitôt qu'il fut hors de la case :
Que le monde, dit-il, est grand et spacieux !
Voilà les Apennins, et voici le Caucase !
La moindre taupinée était mont à ses yeux.
Au bout de quelques jours, le voyageur arrive
En un certain canton, où Thétys sur la rive
Avait laissé mainte huître ! Et notre rat d'abord
Crut voir, en les voyant, des vaisseaux de haut bord.
Certes, dit-il, mon père était un pauvre sire,
Il n'osait voyager, craintif au dernier point.
Pour moi, j'ai déjà vu le maritime empire ;
J'ai passé les déserts, mais nous n'y bûmes point.
D'un certain magister le rat tenait ces choses,
Et les disait à travers champs,
N'étant pas de ces rats qui, les livres rongeant,
Se font savants jusques aux dents.
Parmi tant d'huîtres toutes closes
Une s'était ouverte, et, bâillant au soleil,
Par un doux zéphir réjouie,
Humait l'air, respirait, était épanouie,
Blanche, grasse, et d'un goût, à la voir, nonpareil.
D'aussi loin que le rat voit cette huître qui bâille :
Qu'aperçois-je ? dit-il. C'est quelque victuaille,
Et, si je ne me trompe à la couleur des mets,
Je dois faire aujourd'hui bonne chère, ou jamais.
Là-dessus, maître rat, plein de belle espérance,

Approche de l'écaille, allonge un peu le cou,
Se sent pris comme aux lacs ; car l'huître tout d'un coup
Se referme. Et voilà ce que fait l'ignorance.
Cette fable contient plus d'un enseignement :
    Nous y voyons premièrement
Que ceux qui n'ont du monde aucune expérience
Sont, aux moindres objets, frappés d'étonnement ;
    Et puis nous y pouvons apprendre
    Que tel est pris qui croyait prendre.

Le sujet qui nous occupait peut aussi, dit M. Dumont, nous remettre en mémoire un autre passage de notre bon fabuliste. Seulement je ne vous répéterai pas la fable en entier, comme Emile vient de faire, avec un peu de pédanterie que je lui pardonne en faveur de la pureté de sa diction ; mais je vous rappellerai ses enseignements, que plus tard vous n'aurez jamais à vous repentir d'avoir suivis.

Deux pèlerins se disputaient une huître dont chacun prétendait s'emparer.

    Perrin Dandin arrive,
    Ils le prennent pour juge.

Perrin, fort gravement, ouvre l'huître et la gruge,
    Nos deux messieurs le regardant.
Ce repas fini, il dit d'un ton de président :
Tenez, la cour vous donne à chacun une écaille,
Sans dépens, et qu'en paix chacun chez soi s'en aille.

Bien qu'ils soient déchus du haut rang qu'ils occupaient parmi les plaideurs, les Normands ne sauraient trop méditer cette fable. Je souhaite qu'on en fasse une édition qui puisse se glisser partout et devenir le *vade-mecum* de tout le monde.

—

Nous trouvons encore dans nos mers le Buccin, dont la coquille sert souvent de retraite à un pagure dont j'aurai plus tard l'occasion de vous parler. Les bergers de l'antiquité faisaient de ce coquillage, en le perçant à son extrémité pointue, une sorte de trompette, et cet emploi lui a valu son nom. Les marins et les moissonneurs emploient encore à cet usage certaines coquilles dont ils tirent des sons assourdissants.

C'est d'un individu de ce genre que les anciens tiraient la pourpre de Tyr, produit d'une cherté excessive et qui servait à teindre la robe des magistrats. On rapporte que sa rareté en fit restreindre l'usage, qui fut seulement permis aux empereurs.

—

Les chalutiers apportent souvent de fort jolies coquilles bivalves régulièrement marquées de côtes qui se réunissent au sommet de chaque valve. La charnière s'élargit de chaque côté. C'est le PEIGNE*, que l'on nomme aussi pèlerines ou coquilles de Saint-Jacques, à cause de l'habitude qu'avaient les pèlerins d'attacher un grand nombre de ces coquilles à leurs habits.

On dit que ce mollusque ne s'attache pas aux rochers et se meut avec assez de vitesse en agitant ses valves.

Il se mange.

—

* Pecten.

Les sables que dépose rarement la mer sur nos galets donnent asile à une mactre, à des myes et à diverses espèces qui ne sont guère recherchées, sinon des enfants, qui s'emparent, pour en faire des jouets, de leurs coquilles qu'ils trouvent veuves de leurs propriétaires dans le sable que l'on recueille pour l'employer au pavage des rues.

—

Certaines mers renferment des bivalves d'une grandeur et d'un poids remarquables. Le Bénitier * pèse plus de cent cinquante kilogrammes. Ses valves ont de larges côtes relevées qui sont d'un joli effet, et l'intérieur est revêtu d'un beau nacre. Depuis quelques années on a placé aux deux premiers piliers de la nef de l'église de la Sainte-Trinité, deux de ces valves que vous pourrez voir.

—

Je ne m'étendrai pas davantage, dit

* Chama Gigas.

M. Dumont, sur ces intéressantes productions de la nature ; là, comme toujours, mon unique but est d'attirer votre attention sur les êtres que la main du Créateur a répandus sur la terre et dans les eaux. Votre esprit d'investigation, excité par les quelques descriptions que je vous donne, vous fera rechercher des renseignements plus complets, et vous serez tout naturellement conduits à l'étude des sciences naturelles, qui vous offriront d'utiles et agréables délassements ; cependant je ne quitterai pas le sujet que nous venons d'effleurer sans vous parler d'un ennemi redoutable pour les navigateurs et pour un peuple industrieux qui a su conquérir sur les eaux de la mer le territoire qu'il occupe.

Le Teredo Navalis pénètre dans les bois, qu'il crible de mille trous. Plus d'une fois il a déterminé, dans la coque des navires, des voies d'eau qui ont mis la vie des marins en danger, et il a fallu revêtir les vaisseaux d'une doublure en cuivre pour les mettre à l'abri des espèces qui habitent les mers des pays chauds.

Plus d'une fois aussi le teredo a causé de grands dommages dans les digues de la Hollande et menacé ce pays d'une submersion complète. C'est un ennemi contre lequel il lui faut lutter sans cesse.

XVII.

Nous allons maintenant nous occuper des
crustacés. Cette dénomination s'applique à
des animaux revêtus d'un têt calcaire , formant une cuirasse articulée, plus ou moins
résistante, selon les espèces, abritant tous les
organes et renfermant la tête, forcément immobile , tandis que les yeux saillants peuvent
voir de tous côtés. A l'aide de pattes articu-
lées , dont quelques-unes sont armées de
pinces , ils peuvent marcher et nager en
avant, en arrière et de côté.

Chaque année les crustacés se dépouillent de leur armure, devenue trop étroite, et leur nouveau vêtement ne prend pas tout-à-coup la consistance nécessaire pour les mettre à l'abri de leurs ennemis. Épuisés par les fatigues de cette mue, restés sans défense et réduits à se cacher dans le creux des rochers, il doit en périr un grand nombre à cette époque critique.

Les pattes dont les crustacés sont privés par quelqu'accident repoussent avec facilité. Souvent on prend des tourteaux, des écrevisses, etc., dont l'une des pinces, nouvellement poussée, est beaucoup moins grande que l'autre.

—

Le Crabe * est très-abondant sur le rocher, dans le port, sur la vase de la Retenue ; il s'agite en tous sens à la poursuite de sa proie et marche avec rapidité. Son têt, beaucoup

* Cancer Menas.

plus long que large et de forme ovale, est lisse et d'une couleur vert sale. Il est absolument immangeable.

Les pêcheurs de salicoques rompent les pattes du crabe, l'ouvrent en deux et s'en servent comme appât. C'est encore lui que vous avez vu réduire en bouillie et jeter à la mer pour attirer les *gades* et les *athérines*.

—

Le Tourteau *, que nous appelons Rousseau, reçoit dans d'autres contrées les noms de *Pâté*, de *Dormeur*. Pris sur nos rochers, il est excellent, et moins bon quand on l'apporte des côtes d'Angleterre, où il fourmille sur un fond vaseux.

« Le cancer major, dit un auteur ** en parlant du tourteau, se tient principalement à la profondeur de vingt ou quarante brasses d'eau. Il forme des espèces de troupeaux

* Cancer Pagurus. (LAT.)
** COLLINSON.

séparés, qui ne se mêlent point ensemble. C'est ce qu'on a éprouvé en prenant un crabe qu'on a marqué sur l'écaille et qu'on a transporté à deux ou trois milles de distance, où on l'a mis parmi d'autres de la même espèce; il a trouvé le chemin de son ancienne habitation, et il a été repris par le même pêcheur qui l'avait transporté. Ce crabe, lorsqu'il a acquis sa grosseur, pèse sept livres; on en a pris un qui en pesait douze. »

« Ces animaux, dit Latreille, vivent particulièrement dans la mer. Ils recherchent les endroits où ils peuvent mieux se garantir de l'impétuosité des vagues et des recherches de leurs ennemis; ils se cachent pour cela dans les fentes des rochers qui sont près des côtes. Lorsque la mer monte et surtout pendant la nuit, ils gagnent les rivages, afin de se saisir des animaux que les flots de la mer ont jeté sur les rochers et qui ont été tués ou blessés. Ne pouvant guère bien nager et ne marchant pas fort vite, ils restent souvent à sec ; s'ils ne peuvent se retirer dans quelques trous, ils se contractent et se blottissent dans un coin , attendant le retour de la marée pour regagner la haute mer. »

Nos pêcheurs ont mis cette habitude à profit. Ils creusent dans le roc des *houles*, où le tourteau se recèle et vient se livrer à eux.

Le têt du tourteau est lisse, de couleur rousse ; ses pattes antérieures, remarquablement grosses, sont armées de pinces redoutables, et cependant, saisi par le pêcheur, le tourteau replie ses pinces sous lui et ne songe pas d'abord à s'en servir ; aussi est-il facile d'en éviter l'atteinte.

—

L'ennemi de Henri présente quelques différences de conformation. Ses pattes postérieures s'aplatissent et forment des nageoires.

Le LYRET ou ÉTRILLE * est hardi, vorace et se jette avec avidité sur les viandes cor-

* Portunus Puber.

rompues, que son odorat lui signale de loin. Moins lourd que le tourteau, dont il est loin d'atteindre les dimensions, il court avec rapidité, tenant élevées ses pinces, dont il sait se servir à propos. Il ne se tient pas toujours dans les profondeurs de la mer ou sur les varechs ; mais il se montre, au large, à la surface de l'eau, où il nage avec grâce.

L'étrille est un mets très-estimé et passe même souvent pour le meilleur crabe que nous ayons. Par une bizarrerie dont je ne me rends pas compte, les étrilles pêchées à Fécamp ne valent pas celles qui nous viennent du Havre ou même d'Étretat.

—

Bien que cette espèce habite ordinairement la terre et qu'elle ne soit pas de notre pays, il est utile de vous parler d'un crabe de terre que l'on nomme *Tourlourou* * dans nos colonies. Ce crabe est fort nombreux dans

* Gecarcinus.

certaines contrées, et pendant la plus grande partie de l'année il reste à terre dans des espèces de terriers, et c'est là que s'accomplit le renouvellement de son écaille. Il est carnassier et court très-vite. Chaque année, obéissant à un instinct irrésistible, les tourlourous se réunissent en troupe nombreuse et se dirigent vers la mer ; ils vont en droite ligne, sans s'inquiéter des obstacles qu'ils rencontrent. Une maison se trouve-t-elle sur le passage, ce n'est qu'après avoir tenté de gravir ses murailles qu'ils changent leur direction première. Après quelques jours ils reprennent la route des mornes d'où ils sont descendus.

Leur têt est d'un rouge de sang et leur chair est estimée.

—

Nous trouvons quelquefois dans nos rochers l'Araignée de mer *. Ce singulier crus-

* Maris Aranea.

tacé, dont le têt est presque triangulaire et tout rugueux, est monté sur des pattes disproportionnées qui le font ressembler à l'insecte dont il prend le nom.

—

Nous allons maintenant passer des crustacés dont la queue est plus courte que le tronc, — les brachyures, — aux macroures, dont la queue est aussi longue que le tronc et dont l'extrémité est garnie de bras mobiles qui forment une nageoire.

—

Le corps du HOMARD * est revêtu d'un corselet cylindrique dont l'extrémité antérieure forme un rostre qui recouvre une tête ornée de longues barbes composées de petits anneaux mobiles et juxta-posés. La queue se forme par la réunion de plusieurs pièces cylindriques qui s'appliquent l'une sur l'autre. Les pattes portent des petites pinces, et les

* Astacus Marinus.

antérieures sont munies de fortes serres à dents inégales. Ces dernières peuvent s'infléchir dans tous les sens et atteindre facilement en arrière. Il faut donc une assez grande habitude pour le saisir sans en être pincé. Les pêcheurs, qui conservent des homards vivants dans des réservoirs que recouvrent les marées, ont soin d'introduire entre la patte et l'articulation du doigt mobile un coin de bois qui rend ce crustacé tout-à-fait inoffensif.

Le homard est vif, hardi et recherche les matières animales ; on le prend avec des tambours que l'on tend auprès des rochers ; il vient aussi dévorer les crabes dont sont garnies les chaudrettes du pêcheur de salicoques, tout joyeux d'apercevoir dans l'eau transparente une si belle proie. Mais, hélas ! à peine se sent-il hors de la mer, que le homard, frappant le cercle de fer de sa queue flexible, bondit et saute dans l'eau, au grand ébahissement du pêcheur désappointé.

Le homard est servi sur toutes les tables,

et c'est avec raison qu'il est recherché des amateurs de bonne chère. Comme celle de tous les crustacés, sa chair est indigeste, et on ne doit la manger qu'avec discrétion.

—

Nous n'avons pas la Langouste*, coquillage fort abondant sur certaines côtes et assez estimé, bien qu'à mon gré il soit loin de valoir le homard. Aussi ne vous en parlé-je que pour mémoire et parce que vous aurez souvent occasion de voir ce crustacé, qui est très-commun sur les marchés de l'intérieur.

La langouste atteint une très-grande taille. Son têt rougeâtre est hérissé de piquants. La queue est tachetée de jaune pâle.

—

Voici le petit individu qui nous a donné hier tant de fatigue et de plaisir. La Salicoque** n'est pas aussi solidement vêtue que

* Palinurus Vulgaris.
** Palœmon Squilla.

le homard, dont elle a la forme allongée.
Son têt, d'apparence cornée, est transparent.
Son rostre se termine par un sabre recourbé
et taillé en dents de scie. Sur le dos, comme
sur le tranchant, cette arme est accom-
pagnée de longues barbes flexibles. Légère,
brusque dans ses mouvements, elle approche
de l'appât qu'on lui offre, et, méfiante, s'en
éloigne à reculons avec une merveilleuse rapidité, jusqu'à ce que, la gourmandise l'em-
portant, elle tombe au fond du fatal filet, où
elle s'agite en vain.

Les salicoques que l'on prend dans les
parcs au commencement de la saison sont
très-grosses et se vendent fort cher dans les
grandes villes.

On s'est avisé tout récemment, à Étretat,
d'employer pour cette pêche de petits tambours à mailles serrées ; le succès a dépassé
l'attente des pêcheurs, et il faut espérer que
cette pratique s'étendra sur tout le littoral.

Nous avons plusieurs espèces de salicoques ;

l'une d'elles, remarquable par la largeur de sa scie, reste blanche sous l'influence de l'eau bouillante, pendant que les autres se teignent d'un beau rouge. Elle est commune sur les bancs de l'embouchure de la Seine et remonte même assez loin dans ce fleuve. On en prend quelquefois dans l'été de grandes quantités à Senneville, à Saint-Pierre-en-Port, etc.

—

La Crevette *, qui couvre les bancs de l'embouchure de la Seine et les plages sablonneuses, ne se prend pas sur nos fonds de roches, où l'on ne trouve que par hasard quelques individus égarés.

Ce crustacé, dont la teinte est grise, a aussi de longues barbes, mais ne possède point l'arme dont la nature a doué la salicoque; elle n'atteint pas non plus la même taille; car sa longueur n'excède guère six centimètres. La partie mobile de leurs pinces se

* Crangon.

replie sur une petite pointe, et les doigts ainsi fermés terminent carrément l'extrémité des pieds.

On mange d'énormes quantités de crevettes, que des bateaux vont pêcher sur les bancs ou que l'on prend dans des filets à demeure, appelés guideaux, où la marée les pousse et les entasse.

A Boulogne, les femmes recueillent les crevettes sur la plage, à l'aide de grands lanets dont un côté est droit.

—

Bien qu'il ne soit pas comestible, je dois vous faire remarquer un petit animal dont les habitudes singulières ont depuis long-temps attiré l'attention des observateurs.

La nature a donné au Bernard-l'Ermite un corselet qui garantit son corps ; elle a armé ses pattes de pinces à l'aide desquelles il peut attaquer et se défendre ; mais sa queue molle et vulnérable a besoin d'un abri qu'il ne peut fabriquer comme le font certains mollusques. Or, il met à profit l'industrie des autres et s'empare de coquilles univalves qu'il trouve abandonnées et où il entre à reculons ; il en fait sa propriété et traîne sa maison avec lui. Devient-elle trop étroite, il cherche une autre demeure, et l'on dit même qu'il use de violence pour en chasser le légitime propriétaire. Ce changement d'habitation correspond, dit-on, avec l'époque de la mue, et le bernard court alors d'autant plus de dangers qu'épuisé par ce changement de cuirasse, il se trouve presque désarmé et exposé à mille dangers. C'est ordinairement dans des coquilles de buccins que nous le trouvons, et il se prend souvent dans les tambours que l'on tend aux homards. .

Les habitudes de ce pagure lui ont valu les noms d'ermite, de soldat, selon qu'on a comparé son habitation d'emprunt à une guérite ou à une cellule.

XVIII.

M. Dumont et ses deux élèves se promenaient sur le bassin , quand une grande
clameur attira leur attention. La corde qui
tenait suspendu un échafaudage sur lequel
plusieurs ouvriers travaillaient le long d'un
navire, venait de se rompre, et deux d'entre
eux, précipités dans l'eau, se débattaient, dis-
paraissant, reparaissant et faisant de vains
efforts pour trouver un point d'appui dans
le fluide, sur lequel ils étaient inhabiles à
se soutenir.

Un de ces hommes qui semblent flairer le danger et qui se trouvent toujours là où il y a un homme à sauver s'était déjà précipité pour les secourir. M. Dumont le suivit bravement, et, après de grands efforts, ils parvinrent à sauver les malheureux, qui avaient vu la mort de bien près.

L'un d'eux n'avait pas complètement perdu ses sens et, quoiqu'étourdi de son immersion imprévue, il fut bientôt sur ses jambes. Quant à l'autre, il était complètement évanoui, et son état inspirant des inquiétudes à ses sauveurs, ils s'empressèrent de le transporter dans une maison voisine et de lui administrer des secours. Grâce à leurs soins intelligents, il se trouva, au bout d'une demi-heure, assez bien pour que l'on pût le transporter à sa demeure. Ce ne fut qu'après avoir rempli tous ces devoirs que nos braves s'aperçurent qu'ils grelottaient sous leurs habits mouillés.

M. Dumont insista pour que l'ouvrier qui

n'avait pas hésité, pour sauver ses semblables, à risquer une vie utile à sa nombreuse famille, passât le reste de la journée
avec lui et vînt partager son dîner. C'était
un brave, coutumier de ces dévouements :
il montrait sans orgueil une médaille qu'on
lui avait donnée pour avoir accompli plusieurs
sauvetages dans des circonstances difficiles.
Emile et Henri lui firent mille amitiés ; il les
leur rendit bien, et le soir n'était pas venu
qu'ils étaient inséparables. Bien qu'ils es-
timassent à sa valeur l'acte courageux de
M. Dumont, qui, malgré son âge déjà avancé,
s'était comporté en jeune homme, ils pen-
saient avec raison que, resté célibataire,
aucun lien ne l'empêchait de risquer sa vie ;
il faisait donc là un sacrifice tout person-
nel. Il n'en était pas de même de l'ouvrier :
soutien d'une nombreuse famille, il la
nourrissait de son faible salaire et il aurait
pu la priver de son gagne-pain ; mais,
oubliant lui et les siens, il n'avait pu

voir froidement ses semblables en danger
de périr et n'avait pensé qu'à les secourir.
Cette abnégation qu'avec les sentiments gé-
néreux du jeune âge ils admiraient si fort
est pourtant chose si commune, que souvent
on la remarque à peine : à tout moment nous
coudoyons avec indifférence quelques-uns de
ces hommes d'élite, que chacun devrait sa-
luer avec respect. — Bah ! répondait le brave
homme, tout confus des louanges qu'on lui
adressait, ne faut-il pas s'entr'aider ? Mille
fois un camarade s'est trouvé là pour prendre
sa part du fardeau trop lourd pour mes
épaules, sans que j'aie songé à lui dire
merci. C'était à charge de revanche, et je
m'acquitte. Puis je nage comme un poisson, et, si j'avais manqué à ma famille,
les bonnes âmes, qui ne sont pas si rares
qu'on voudrait bien le dire, ne l'auraient
pas abandonnée.

Cette sublime confiance augmenta encore
l'estime que l'on avait pour celui qui s'y

abandonnait si généreusement. — C'était certes une belle âme que celle de l'homme qui jugeait ainsi les autres. — Emile, à qui ses succès de collége avaient maintes fois donné des accès de vanité, se reprochait amèrement le dédain qu'il avait quelquefois ressenti pour les hommes que le sort avait condamnés à de pénibles professions où les bras seuls étaient utiles et n'appelaient pas le secours de l'intelligence; il en eùt volontiers demandé pardon au brave ouvrier dont il pressait la main et qui franchement, dans sa naïve générosité, n'aurait guère compris ces scrupules.

Cette leçon ne sera pas perdue pour lui; il évitera de mesurer la valeur d'un homme à la coupe de son habit, aux écus que renferme sa caisse ou aux biens qu'il possède au soleil. Avant de choisir un ami, il voudra connaître toutes ses qualités, et il ne lui accordera son affection qu'après avoir pénétré dans les replis de son cœur.

12.

M. Dumont, tirant de toutes les circonstances qui se présentaient matière à observations ou à enseignements, ne manqua pas de faire remarquer à ses petits amis combien la natation est négligée, même par ceux à qui, en raison de leurs professions et des accidents qu'elles entraînent, cet art serait le plus nécessaire. J'ai vu, leur dit-il, nombre de marins qui n'avaient jamais songé à s'exercer à nager et que cette indifférence a tués. Avant que des travaux habilement conçus aient fait disparaître le poulier qui décrivait une portion de cercle d'une jetée à l'autre, plus d'une fois des barques qui tentaient le passage à la marée basse ont été renversées par la lame, et les marins qui les montaient disparaissaient asphyxiés avant que l'on pût arriver sur le lieu du sinistre. Ces exemples terribles et trop souvent renouvelés ne suffisent pas pour secouer l'apathie si ordinaire aux matelots.

Mais ce n'est pas seulement aux marins

que cet art est nécessaire ; car nul n'est
à l'abri d'une chute imprévue dans l'eau, et
l'homme qui voit périr son semblable sans
pouvoir lui porter secours doit subir d'horribles tortures et s'adresser d'amers reproches
sur une négligence qui l'empêche de se rendre
utile. Aussi je regrette de n'avoir pas mis
à profit les quelques jours que vous deviez
rester chez moi, pour vous initier à un art
qui devrait faire partie de l'éducation ; mais
mieux vaut tard que jamais, et demain nous
commencerons. Votre père vous laissera,
l'année prochaine, je l'espère, assez longtemps à Fécamp pour que vous deveniez
d'habiles nageurs.

En attendant, causons bains, natation, et, si
les leçons pratiques vous manquent, au moins
je vous aurai fait connaître quelques faits
curieux sur une habitude utile et un art indispensable.

—

L'usage des bains remonte à la plus haute

antiquité. L'homme a dû de tout temps se plonger dans l'eau pour débarrasser sa peau des saletés qui pouvaient y adhérer. La sensibilité de son épiderme lui a fait une loi de cette habitude hygiénique, surtout à l'époque où l'usage du linge de corps était inconnu et quand l'habitude de marcher les pieds nus et préservés seulement par une sandale du contact des corps durs, laissait les extrémités inférieures se souiller dans la poussière.

Les plus anciens auteurs parlent de cette coutume, dont on retrouve les traces dans les livres saints comme dans les auteurs profanes.

La fille de Pharaon sauve, en se baignant, Moïse abandonné dans un frêle berceau au courant du Nil.

Homère fait du bain le premier devoir de l'hospitalité.

Léandre traverse l'Hellespont en fendant l'eau d'un bras vigoureux.

Ce n'est pas seulement dans le courant

d'une onde pure ou dans la mer que les anciens aimaient à se plonger ; ils élevèrent des édifices où ils pouvaient à toute heure et à l'abri des intempéries se livrer à ce plaisir. L'histoire d'Alexandre nous apprend que ce conquérant fut ébloui de la magnificence des bains de Darius.

Les rudes républicains de Rome, qui d'abord exerçaient leurs membres robustes dans les eaux jaunes du Tibre, quittèrent bientôt leurs habitudes austères et construisirent des bains non-seulement dans les maisons particulières , mais encore dans des édifices où chacun pouvait entrer moyennant une rétribution.

Sous les empereurs, le luxe de ces établissements fut porté à un point incroyable. Le marbre travaillé par des mains habiles , des peintures, des mosaïques, des statues en décoraient les diverses salles. Quelques auteurs nous ont laissé des documents qui permettent de se rendre compte de la disposition de ces thermes. On entrait dans plusieurs salles dont la température s'élevait graduellement , et, après s'être dépouillé de ses habits et laissé oindre d'huiles de senteur , le baigneur pénétrait dans une étuve sèche, puis dans l'étuve humide, où il se plongeait soit dans un grand bassin plein d'eau chaude , soit dans une baignoire enchâssée dans le pavé ; ces deux étuves étaient de forme circulaire et fermées par un bouclier d'airain que l'on haussait ou baissait à volonté ; ce qui permettait de régulariser la chaleur. Après le bain , on passait dans les diverses salles que l'on avait déjà traversées et l'on pouvait ainsi , par ces transitions habilement ménagées , s'exposer à l'air sans qu'il causât une impression trop forte sur les pores dilatés par la chaleur.

Lorsque les Romains se furent rendus maîtres des Gaules , ils la couvrirent d'édifices somptueux où les bains ne furent pas oubliés. Près de nous , à Lillebonne, on voit encore un amphithéâtre et un balnéaire de construction romaine.

En Orient, l'usage des bains, exigé par l'hygiène, a pris et conservé un grand développement. La religion de Mahomet en fait un devoir dont, sous nul prétexte, un croyant ne peut dans certains cas s'abstenir. Mais les habitudes diffèrent tellement selon les pays, que je crois qu'il n'est pas sans intérêt de vous les retracer.

En Turquie, on entre dans l'étuve après s'être dépouillé de ses vêtements. Lorsque la sueur commence à paraître, on est frotté, avec une pièce de laine savonnée, des pieds jusqu'à la tête, puis enfin plongé dans une baignoire d'où l'on sort pour fumer et prendre du café.

En Egypte, il n'en est pas tout-à-fait de même. Le baigneur passe d'abord dans des salles chauffées à divers degrés ; il arrive dans une salle où la vapeur d'eau se mêle à l'odeur des parfums. Là, il s'étend sur une espèce de hamac, et lorsque la transpiration s'établit, un serviteur procède à l'opération du massage, fait craquer les jointures, frotte tout le corps de façon à enlever une partie de l'épiderme, le couvre d'une écumeuse dissolution de savon, dont il le débarrasse à l'aide d'une aspersion.

Cette méthode vous paraît assez singulière, et vous ne seriez guère disposés, je crois, à vous faire enlever, à l'égyptienne, de longues bandes de peau. Cependant la manière de l'Inde est plus singulière encore.

Un Indien entre-t-il dans une étuve, un baigneur s'empare de sa personne, le frappe, fait craquer ses articulations, puis le retourne, et, les genoux appuyés sur ses reins, fait craquer ses épaules. S'armant ensuite d'un gant de crin, il le frotte avec une grande force, enlève la peau dure des pieds, le couvre de savon et d'eau parfumée, le rase, et, après cette violente opération, qui ne dure pas moins de trois quarts d'heure, le patient s'étend sur un lit, où un sommeil réparateur vient lui enlever la fatigue qu'il a éprouvée. Frais et dispos, il se sent revivre et goûte en ce moment la plus douce sensation que l'on puisse ressentir dans ces climats brûlants.

En Russie, les bains sont très-usités et non moins extraordinaires dans la pratique. L'étuve où se tiennent les baigneurs est pleine d'une vapeur d'eau sans cesse renouvelée, et le thermomètre y marque cinquante degrés centigrades. En Finlande, dans les étuves sèches, il s'élève encore davantage. Après avoir bien sué, on est frotté, savonné et ensuite aspergé de quelques seaux d'eau froide. Cette douche met fin à l'opération. Les pauvres gens qui ne peuvent payer qu'une minime rétribution n'y font pas tant de façons et, tout pleins de sueur, ils vont se jeter dans une eau à moitié glacée ou se rouler dans la neige. On fait même passer les enfants en bas âge par ces brusques alternatives de chaud et de froid, qui ne sont pas du reste aussi difficiles à supporter qu'on se l'imagine.

De toutes ces manières, vous préférez, j'en suis certain, celle que nous emploierons, et qui consiste à s'étendre tout simplement dans une baignoire pleine d'une eau légèrement chauffée ; malheureusement cet usage est par trop négligé, et l'on peut attribuer cette indifférence à l'usage du linge de corps, blanchi avec soin, souvent renouvelé, et à des soins de propreté qui facilitent la transpiration. Quoi qu'il en soit, il est à souhaiter que la fréquente immersion dans l'eau, déjà vulgarisée par l'ouverture d'établissements de bain dans toutes les villes de quelqu'importance, passe enfin dans nos mœurs. Il sera malheureusement fort difficile de faire pénétrer cet usage dans les campagnes, où l'on est trop peu soucieux de l'hygiène, et parmi les ouvriers de nos villes, auxquels il serait très-salutaire.

Mais la méthode par excellence, celle qui, à la portée de toutes les bourses, est précieuse pour son effet tonique et stimulant, c'est le bain de mer par un beau calme, quand l'air, échauffé par les rayons d'un brillant soleil, ne fait pas frissonner la peau, et quand les couches supérieures de l'eau ont perdu leur crudité. Après une pareille immersion, on éprouve un sentiment de bien-être indicible, on se sent une nouvelle énergie et un appétit à tout dévorer. Aussi comprend-on la passion qui s'empare des habitants de l'intérieur ; lorsque les tièdes brises de juin agitent doucement l'air, ils s'abattent par volées sur nos plages et poussent le fanatisme jusqu'à se plonger dans la mer lorsqu'une brusque saute de vent l'agite d'un violent ressac et que l'on doute si l'on est bien dans l'été ; ils sont venus pour se baigner, ils se baignent. Cette exagération devrait être soigneusement évitée ; car, si le bain de mer, pris dans de bonnes conditions, exerce une action favorable sur la santé, les fanfaronnades de touristes peuvent avoir une influence fâcheuse sur les organisations des femmes débiles qui se livrent à ce prétendu plaisir par bravade et avec un emportement blâmable.

Le bain n'est vraiment complet qu'autant que l'on sait nager, et c'est là aussi que son action est la plus énergique. Mettant de côté la sûreté personnelle et les secours que l'on se met à même de porter aux autres, l'exercice salutaire que procure la natation, le plaisir qu'on éprouve en s'y livrant doivent faire désirer à chacun d'acquérir cette précieuse faculté.

Comme les quadrupèdes, il n'est pas douteux que l'homme nagerait de prime abord si la crainte qu'il éprouve en se sentant plongé dans un fluide dans lequel il ne peut vivre ne venait paralyser ses forces et ne l'empêchait de conserver l'attitude qui lui permet de flotter sur l'eau.

Un peu de réflexion suffit pour corriger cet excès de timidité.

Tous les corps plongés dans un liquide perdent une partie de leur poids égale au poids de la quantité de fluide qu'ils déplacent ; en d'autres termes , un corps ne peut surnager qu'autant que la résistance du fluide déplacé vient faire obstacle aux effets de la pesanteur qui tendent à l'entraîner vers le fond.

Un homme qui pèse quatre-vingts kilogrammes flotte parce qu'il déplace au moins quatre-vingts kilogrammes d'eau.

Bien que les extrémités du corps humain soient lourdes , les parties antérieures contiennent de grandes cavités qui rendent l'ensemble très-léger. — Un homme immobile, la poitrine pleine d'air , offre à l'eau une surface spécifiquement assez légère pour qu'il puisse indéfiniment rester sur ce fluide sans s'y enfoncer.

Les explications que je viens de vous

donner font comprendre pourquoi les personnes dont l'embonpoint est prononcé nagent plus facilement que les autres.

Lorsque l'on parvient à bannir toute crainte, il n'est rien de plus facile que d'apprendre à nager. Voici du reste comment il faut procéder :

L'élève, accompagné d'un baigneur expérimenté, doit s'avancer jusqu'à ce qu'il ait l'eau à la poitrine ; puis, faisant face au rivage, il s'étend en ayant soin de relever la tête et de tenir le tronc immobile, mais sans raideur. Il lui suffit alors de battre l'eau de ses pieds et de ses mains, en imitant à peu près les mouvements d'un quadrupède, pour, non-seulement flotter, mais encore avancer d'une façon sensible.

Le guide peut aussi, pour l'aider dans les premiers temps, lui offrir un point d'appui, en plaçant sa main sous le ventre ou seulement sous le menton.

Il faut se garder d'employer, comme on

le fait trop souvent, des flottes de liége ou des vessies gonflées d'air, qui habituent à compter sur un secours étranger, qui, par suite de quelqu'accident, peut faire défaut au moment où il serait le plus nécessaire et mettre ainsi les jours du baigneur en danger.

On aura bientôt acquis assez d'habitude pour pouvoir s'occuper d'apprendre à faire agir les membres de façon à ce que, avec peu de fatigue, on acquière une assez grande vitesse.

Lorsque l'on s'élance, il faut que les bras soient étendus, les mains rapprochées ; les jambes conservent aussi toute leur longueur. Les bras sont alors ramenés vers le corps et les mains doivent offrir à la résistance de l'eau toute leur surface. Pendant ce temps, les jambes sont pliées et s'allongent bientôt avec force, pendant que les bras se portent de nouveau en avant.

Ces divers mouvements doivent s'accomplir sans précipitation, avec lenteur même.

Autrement on s'épuise en efforts trop souvent répétés, sans que la vitesse s'en trouve sensiblement augmentée.

Il faut s'habituer de bonne heure à porter la tête hors de l'eau, afin que l'acte important de la respiration puisse s'accomplir sans obstacle.

La grenouille, que l'on a souvent l'occasion d'observer, est un bon modèle à consulter pour l'ensemble des mouvements.

Lorsque l'élève a suffisamment pratiqué la méthode que je viens de décrire, il est bon qu'il s'habitue à nager sur l'un et l'autre côté, étendant un bras qui sert à diviser le fluide, tandis que l'autre conserve toute son action. Ce mode, plein d'élégance, permet d'acquérir une grande vitesse et repose en variant les attitudes.

La coupe est aussi un exercice agréable. Il faut, pour ce genre de natation, sortir en entier et alternativement les bras, qui viennent frapper le liquide, tandis que le corps s'incline légèrement de l'un et de l'autre côté.

Lorsqu'un nageur fatigué veut se reposer, il s'étend sur le dos et reste aussi longtemps qu'il le désire dans cette position, les bras au corps et agitant faiblement les mains. Veut-il sortir de cette immobilité, il écarte les genoux, approche les pieds, et les jambes, s'étendant comme par un ressort, lui communiquent une puissante impulsion.

Ce sont là les principaux moyens que l'on a souvent occasion d'employer ; mais nager ne suffit pas, il faut encore savoir plonger. On se précipite alors, la tête la première et les bras étendus, dans le fluide, auquel on présente ainsi le moins de surface. La vitesse acquise permet de diviser l'eau et d'arriver à d'assez grandes profondeurs ; mais bientôt la poussée de l'eau qui environne le corps de toutes parts s'exerce de bas en haut, et l'on remonte avec une grande rapidité, que de légers efforts viennent augmenter encore.

13.

Le temps pendant lequel on peut ainsi rester sous l'eau est nécessairement très-restreint. Il faut regarder comme une exagération ce que l'on a dit des hommes employés à la recherche des perles, qu'ils pouvaient plonger pendant quinze ou vingt minutes. On ajoutait, il est vrai, qu'ils se mettaient entre les lèvres une éponge imbibée d'huile ; mais cette éponge contenait trop peu d'air pour leur être d'un grand secours.

On a vu des hommes tellement familiarisés avec cet exercice, qu'ils plongeaient souvent et assez longtemps pour pouvoir placer la pointe des pilotis à l'endroit où ils devaient être enfoncés dans des rivières profondes.

—

Quelqu'habile nageur que l'on soit, il ne faut jamais s'éloigner du bord sans nécessité, un malaise, une crampe pouvant priver momentanément l'homme le plus intrépide d'une partie de ses forces et causer sa mort.

Il est bon de s'habituer à nager en s'aidant d'un pied ou seulement des deux mains.

—

On ne doit entrer dans le bain chaud ou froid que quatre heures au moins après le repas. Lorsque l'estomac est encore chargé d'aliments , la compression de cet organe peut occasionner de graves accidents, et nous avons été trop souvent témoins de sinistres qui n'avaient pas d'autre cause.

Il faut aussi éviter de rester trop long-temps plongé dans l'eau. Un bain ne doit durer que trente ou quarante minutes.

XIX.

En devisant de choses et d'autres, nous avons quelque peu négligé les poissons, dont il nous reste un certain nombre à connaître ; mais, allant au hasard, nous pouvons revenir aux animaux que nous avons négligés pour les poulpes, les crustacés, etc. Occupons-nous donc de quelques espèces qui fréquentent nos côtes.

—

L'Anguille* habite indifféremment la mer

* Murène anguille. Lacép.

et les fleuves , les lacs et les eaux les plus
limpides. Son corps, long comme celui du
serpent , présente des couleurs variées ; souvent le dos est vert et le ventre argenté. Deux
nageoires pectorales aident à ses rapides évolutions. La peau de l'anguille étant couverte
d'une matière visqueuse , elle glisse aisément
dans la main du pêcheur inexpérimenté qui
veut la saisir.

Les anguilles sont sujettes à de fréquentes
migrations : vers Noël , de grandes troupes
de ces murènes , qui me paraissent semblables aux *guiseaux* de la Seine , passent le
long des côtes et donnent dans les parcs. Ce
passage dure environ six semaines ; on prend
alors des anguilles qui pèsent deux kilogrammes et plus. Ce n'est pas pourtant la
dernière limite qu'elles peuvent atteindre ,
puisque dans certains lacs on pêche des
anguilles dont le poids s'élève à dix kilogrammes.

Dans l'hiver, on ne voit pas d'anguilles

dans la Seine : les pêcheurs disent qu'alors elles s'envasent et restent engourdies pendant toute la mauvaise saison. Lorsque la retraite qu'elles se sont choisie n'est pas suffisamment couverte d'eau , le froid les fait périr.

La disposition des opercules de l'anguille est telle, qu'elle peut vivre longtemps hors de l'eau, ses branchies se trouvant à l'abri d'un prompt desséchement. On dit que, dans la nuit, elle se glisse dans l'herbe fraîche des prairies et qu'elle va chercher sur la terre des aliments qu'elle ne peut trouver dans le fluide aqueux.

L'anguille est vorace : elle se jette avidement sur les matières animales qu'elle rencontre. La promptitude de ses mouvements, la flexibilité de son épine dorsale lui rendent facile la poursuite des poissons dont elle se nourrit. Pour se dérober à ses ennemis , elle se cache dans un terrier qu'elle sait creuser dans la vase. De graves lésions ne suffisent pas toujours pour la tuer : dépouillée de sa peau , vidée et coupée en tronçons , une anguille s'agite encore longtemps et se tord convulsivement quand elle sent l'impression d'une trop vive chaleur.

La chair de l'anguille , quoiqu'indigeste , figure sur toutes les tables , et , au contraire de ce qui a lieu pour certains poissons qu'un séjour dans l'eau douce rend plus délicats , celles que l'on prend à la mer, dans le mois de novembre , ont un goût exquis.

—

La Lamproie*, allongée comme l'anguille, n'a pas de squelette osseux ; privée de nageoires pectorales , la force des muscles de sa queue et la flexibilité de son corps y suppléent , et elle nage avec vitesse. La bouche de la lamproie est conformée de telle sorte qu'elle peut adhérer avec force aux corps qu'elle rencontre , ou s'attacher aux poissons

* Petrozimon. Lacép.

qu'elle tue et dévore. On voit derrière chaque œil sept trous, placés en ligne droite, qui communiquent avec l'organe de la respiration.

La lamproie habite la mer et remonte dans les eaux douces ; elle est rare chez nous. J'ai vu quelquefois de petites lamproies attachées à des harengs qui viennent se prendre dans les parcs au mois d'avril.

—

Il est souvent question dans les auteurs latins d'une murène qui ne fréquente pas nos mers ; c'est une espèce de la Méditerranée, à laquelle Lacépède a donné le nom de MURÉNOPHIS. Sous les empereurs, le goût des Romains pour ce poisson était dégénéré en véritable passion. — Ils construisaient à grands frais des réservoirs où ils engraissaient ces murènes, qui devenaient assez familières pour s'approcher à la voix de leur maître.

On raconte que Pollion faisait jeter dans

ses viviers les esclaves qu'il condamnait à mort ; en présence d'Auguste , il voulut infliger ce supplice à l'un d'eux , qui venait de briser un vase précieux.

Au lieu de punir ce monstre comme il le méritait , l'empereur se borna à donner la liberté à l'esclave et à faire briser tous les vases qui appartenaient à son maître.

—

La Dorée ou Poisson de Saint-Pierre * est un osseux très-vorace et qui pèse jusqu'à cinq kilogrammes. Il est armé de piquants redoutables , et sa robe , nuancée de reflets verts et dorés, paraît sale et comme enfumée.

Au rapport de Pline , les habitants de Cadix estimaient fort la dorée.

—

Le Gal Verdâtre se trouve dans toutes les mers. Sa forme lui a fait donner le nom de

* Zeus Faber. Lacép.

Lune. Il vit de petits poissons et d'insectes; sa chair est bonne.

—

La Dorade, poisson recherché de tout temps, habite toutes les mers et se trouve sous les latitudes les plus opposées ; on dit même qu'il fréquente les eaux douces et y devient excellent. Les dorades que nous voyons ici sont loin d'atteindre la taille de celles que l'on pêche dans l'Océan et dans la Méditerranée.

C'est un poisson vif, hardi, dont les dents sont si fortes, qu'elles brisent les coquilles qui renferment les mollusques, dont il fait une grande consommation, ainsi que de crustacés.

—

L'alose *, dont la tête est très-petite relativement à la longueur du corps, se trouve dans l'Océan et dans la Méditerranée. Elle

* Clupée Alose. Lacép.

remonte les rivières pour y déposer son frai , et acquiert là une saveur qui la fait estimer et que l'on est loin de lui trouver quand elle n'a pas encore quitté la mer.

Les aloses de la Seine sont en possession depuis longtemps de la faveur des gourmets. Celles que l'on prend vers Quillebœuf sont moins bonnes que les aloses prises dans le haut de la rivière , où le flot ne se fait plus sentir avec tant de violence.

—

La FEINTE * remonte dans la Seine un peu plus tard que les aloses. Le mâle est appelé *coloyau* ou *cahuhau*. Ce poisson est tellement plein d'arêtes , que , malgré la graisse qu'il prend en rivière, il est peu recherché.

—

On pêche encore près des rochers le Ros- signol ** ou Vieille , dont les couleurs sont

* Clupée Feinte. LACÉP.
** Labre Neustrien. LACÉP.

agréablement nuancées ; il atteint une longueur de trente-trois centimètres.

—

Le Gros-Œil est un labre qui a reçu ce nom à cause de la grandeur et de l'éclat de son iris. Sa chair est blanche et bonne.

—

Outre les espèces qui entrent dans l'alimentation , on pêche encore divers poissons non comestibles , ou du moins dont la chair est assez peu agréable. Je vous en citerai seulement quelques-uns.

—

Le corps du Syngnathe Trompette est allongé et revêtu d'une cuirasse composée d'une suite d'anneaux articulés ; son bec est long et forme une sorte de tuyau.

—

L'Hippocampe ou Cheval marin se contourne en se desséchant de façon à présenter une ressemblance éloignée avec les parties antérieures du quadrupède auquel on l'a comparé.

Le Cotte Scorpion, que nous appelons vulgairement *Diable de mer*, fréquente les rochers. Sa tête est armée d'aiguillons, et les piquants de ses nageoires sont des armes redoutables. Il vit assez longtemps hors de l'eau et enfle sa tête d'une façon remarquable. Dans certaines contrées, il atteint une grande taille.

—

La Baudroie ou Raie pêcheresse est un cartilagineux dont la tête est énorme. Sa large bouche est armée d'une multitude de dents crochues. Les aiguillons de ses nageoires sont piquants, et son corps grêle est terminé par une forte caudale.

La baudroie nage lentement, et sa force réside dans ses mâchoires. Dénuée de moyens d'attendre sa proie, elle use de ruse et se transforme en pêcheur. Se plongeant dans la vase, elle y disparaît en entier, ne laissant passer que des filaments qui sont placés près de ses yeux et qu'elle agite de façon à les faire ressembler à une proie. Lorsqu'un poisson, attiré par cet appât trompeur, s'approche, elle se jette sur lui et le dévore.

Ce poisson est assez rare, et les pêcheurs le nomment grand diable de mer.

XX.

L'ordre des cartilagineux renferme , comme nous l'avons vu, des individus d'une force et d'une grandeur remarquables. Le plus redoutable de tous appartient à la famille des squales, et les souvenirs de mort qu'il rappelle lui ont fait donner le nom de *requiem*, que par corruption on a bientôt prononcé *requin*.

Ce squale mesure jusqu'à dix mètres de longueur. Il est couvert d'une peau épaisse et rude que l'on emploie dans les arts. Des nageoires et une queue puissante lui donnent une grande vitesse.

« L'ouverture de sa bouche, dit Lacépède, est en forme de demi-cercle et placée transversalement au-dessous de la tête et derrière les narines. Elle est très-grande, et l'on pourra juger facilement de ses dimensions, en sachant que nous avons reconnu, d'après plusieurs comparaisons, que le contour d'un côté de la mâchoire supérieure, mesuré depuis l'angle des deux mâchoires jusqu'au sommet de la mâchoire d'en-haut, égale à peu près le onzième de la longueur totale de l'animal. Le contour de la mâchoire supérieure d'un requin de dix mètres est donc d'environ deux mètres de longueur. Quelle immense ouverture ! quel gouffre pour engloutir la proie du requin ! et comme son gosier est d'un diamètre proportionné, on ne doit pas être étonné de lire dans Rondelet et dans d'autres auteurs que les grands re-

quins peuvent avaler un homme tout entier,
et que, lorsque ces squales sont morts et gi-
sants sur le rivage, on voit quelquefois des
chiens entrer dans leur gueule, dont quelque
corps étranger retient les mâchoires écartées,
et aller chercher jusque dans l'estomac les
restes des aliments dévorés par l'énorme
poisson.

« Lorsque cette gueule est ouverte, on
voit au-delà des lèvres, qui sont étroites et
de la consistance du cuir, des dents plates,
triangulaires, dentelées sur leurs bords et
blanches comme de l'ivoire. Chacun des
bords de cette partie émaillée, qui sort hors
des gencives, a communément cinq centimètres de longueur dans les requins de dix
mètres. Le nombre des dents augmente avec
l'âge de l'animal. Lorsque le requin est encore très-jeune, il n'en montre qu'un rang,
dans lequel on n'aperçoit quelquefois que
de bien faibles dentelures ; mais à mesure
qu'il se développe, il en présente un plus

grand nombre de rangées, et lorsqu'il a atteint un degré plus avancé de son accroissement et qu'il est devenu adulte, sa gueule est armée, dans le haut comme dans le bas, de six rangs de ces dents fortes, dentelées et si propres à déchirer ses victimes. Ces dents ne sont pas enfoncées dans des cavités solides ; leurs racines sont uniquement logées dans des cellules membraneuses qui peuvent se prêter aux différents mouvements que les muscles placés autour de la base de la dent tendent à leur imprimer. Le requin, par le moyen de ces différents muscles, couche en arrière ou redresse à volonté les divers rangs de dents dont sa bouche est garnie ; il peut les mouvoir ensemble ou séparément, il peut même, selon les besoins qu'il éprouve, relever une portion d'un rang et en incliner une autre portion ; et, suivant qu'il lui est possible de n'employer qu'une partie de sa puissance, ou qu'il lui est nécessaire d'avoir recours à toutes ses armes, il ne montre

qu'un ou deux rangs de ces armes meur-
trières, ou, les mettant toutes en action, il
menace et atteint sa proie de tous ses dards
pointus et relevés. »

Le requin est doué d'un odorat d'une
grande finesse qui lui signale de loin la proie
qu'il recherche ; il est friand de viandes cor-
rompues, mais ne dédaigne pas les poissons
vivants, qu'il attaque avec fureur. Au sein
de l'océan, il suit les navires pendant de
longues traversées, avalant indifféremment
tout ce qui tombe du bord, vomissant les
corps durs qu'il ne peut digérer.

On l'a vu se tenir dans une position verticale au milieu d'un banc de petits poissons
qui tombaient par milliers dans son énorme
gueule, qu'il n'avait qu'à ouvrir et à fermer.

Malheur au baigneur imprudent, au matelot tombé à la mer qui se trouve dans le
voisinage de ce squale. Cependant, comme
le requin est forcé de se retourner pour saisir
sa proie, un bon nageur peut le dérouter

un moment sans pourtant que son salut soit assuré pour cela. On a vu des marins échapper ainsi d'abord à sa poursuite ; ils touchaient leur navire, s'emparaient d'une corde qu'on leur avait tendue, et l'équipage, plein d'une ardeur inquiète, s'empressait de les hisser à bord. Mais le requin bondissait au moment où on les croyait sauvés, les coupait en deux, et l'on n'amenait sur le pont qu'un cadavre mutilé.

Eh bien ! malgré la férocité, l'adresse et la force de ce tigre des mers, l'homme ose lutter avec lui seul à seul et réussit quelquefois à le vaincre. On cite à ce sujet une anecdote que j'ai lue je ne sais où et qui mérite d'être rapportée.

A la Barbade, un matelot, qui avait vu son camarade périr mutilé par un requin, résolut, pour le venger, de mettre ce monstre à mort. Armé d'un couteau tranchant, il se jette à la mer et nage à la rencontre de son ennemi, dont le sanglant repas qu'il venait de faire avait encore augmenté les appétits sanguinaires. Sachant que le squale était forcé de se retourner pour le saisir, il évite plusieurs fois son atteinte en plongeant ; puis, saisissant un instant favorable, il lui plonge son couteau dans la gorge. Il y eut un moment d'horrible anxiété pour l'équipage : dans cette mer ensanglantée, quel était le vainqueur? Mais bientôt toute incertitude cessa. Le matelot reparut triomphant, et les flots balancèrent le cadavre du requin.

Les nègres se livrent quelquefois, dans les colonies, à cette chasse périlleuse, qui leur réussit le plus souvent.

L'avidité du requin rend sa pêche facile. Un grappin dissimulé tant bien que mal sous un appât est jeté à l'eau ; le requin s'en approche d'abord avec défiance ; mais lorsqu'on feint de le retirer, ses instincts se réveillent, il l'engloutit, et ses efforts pour se dégager rendent sa blessure plus profonde. Hissé à bord, étendu sur le pont et épuisé par la perte de son sang, il est encore redoutable. Un seul coup de sa queue peut rompre la jambe d'un homme.

Ce n'est qu'avec de grandes précautions qu'on peut l'approcher et le mettre à mort.

Les marins, fatigués des salaisons, mangent quelquefois sa chair, dont le goût est détestable, et l'on peut tirer de l'huile de son foie, qui est très-volumineux.

On rencontre ce redoutable cartilagineux sous toutes les latitudes.

—

Le requin n'est pas le seul squale que les navigateurs aient à redouter. Les mers renferment encore le squale très-grand, le squale glauque, etc.

Le squale marteau à la tête tellement large, qu'on l'a comparée avec assez de justesse à un marteau, dont le corps serait le manche.

—

On pêche fréquemment sur nos côtes le squale roussette , qui se tient ordinairement dans les rochers. Il ne dépasse pas un mètre de longueur ; sa peau, dure et grenue, sert à polir le bois.

Bien que la chair de la roussette ait assez mauvais goût , on la mange cependant , et dans l'été de petites barques se livrent presqu'exclusivement à la pêche de ce squale.

—

On trouve encore un squale qu'un œil inexpérimenté pourrait confondre d'abord avec les raies, quoiqu'il en diffère par des caractères bien tranchés.

La bouche du squale Ange est placée à l'extrémité du museau , et ses larges nageoires pectorales ont un tel développement, qu'on a pu les comparer à des ailes.

On lui attribue les habitudes de la baudroie et l'on dit que , comme elle , il attire les poissons en imprimant divers mouvements à ses barbillons.

Les pêcheurs affirment que la chair de ce squale est excellente ; quant à moi, je n'ai jamais été tenté de m'en assurer.

XXI.

Si le temps que votre père vous accorde pour rester à Fécamp n'était pas limité, j'aurais pu, dit M. Dumont, vous faire assister à une chasse fort agréable qui se pratique le long des falaises pendant l'automne et que ceux qui s'y livrent qualifient de pêche, sans doute à cause de l'analogie qu'ils trouvent dans les filets qu'ils emploient avec ceux dont les pêcheurs font usage. Je regrette que votre départ soit si prochain et vous prive d'un plaisir.

Nos regrets ne sont pas moins vifs que les vôtres, reprit Émile ; mais vous pouvez les adoucir en nous parlant de cette chasse dont l'attrait est si grand.

Soit, dit M. Dumont ; nous allons continuer nos causeries, en nous promenant sur la côte de Renneville. Partons !

—

L'alouette, que vous voyez l'été courir parmi les blés et s'élever, en faisant entendre un chant joyeux, jusqu'à des hauteurs prodigieuses, obéit à un besoin de migration qui se fait sentir à des époques fixes. Dès le 20 septembre, des bandes nombreuses d'alouettes se dirigent du nord au sud en suivant le long des côtes. Ce passage a lieu de six heures du matin jusqu'à dix ou onze heures. Elles traversent les vallées d'un vol assez soutenu et rasent la terre dès qu'elles rencontrent la pente qui doit les mener sur les hauteurs.

Il est à remarquer que ces oiseaux ne se

mettent en route que par un temps clair et
lorsqu'ils ont , en terme de marine , vent
debout ; cette habitude peut s'expliquer par
la longueur de leurs plumes, qui leur rend la
locomotion difficile quand le vent , les prenant en arrière, vient à les renverser. Malgré
le beau temps , les alouettes ne se mettent
pas toujours en route ; mais une pluie fine ,
un orage viennent bientôt donner l'explica-
tion de ce changement dans leurs habitudes.

Cet oiseau est, à cette époque , gras, dodu
et d'un goût délicieux ; il a donc dû exciter
la convoitise des oiseleurs , qui ont cherché
les moyens d'en rendre la chasse lucrative.

Voici comme ils procèdent :

Un long filet, soutenu par deux ralingues,
est étendu à terre sur le haut de la côte , à
l'endroit où l'on a reconnu que les oiseaux
passent de préférence , et de façon à croiser
la direction qu'ils prennent lorsque le vent
souffle du sud-est , temps le plus favorable
chez nous pour cette chasse. L'une des ra-

lingues est attachée à deux petits pieux ; l'autre se continue jusqu'à une petite cabane placée à quelque distance. Plaçant alors à chaque bout du filet des bâtons d'une lon-gueur déterminée , on le force à venir se coucher du côté opposé au passage, après lui avoir fait décrire en l'air une demi-circon-férence. La partie de la nappe couchée tout-à-l'heure contre terre se trouve donc ainsi exposée à l'air.

L'appareil, qui, à l'aide de la torsion qu'on lui a fait subir, tend à retourner violemment dans sa position première , est maintenu à l'aide de moyens très-simples qu'il est inutile de vous décrire ; mais le moindre effort suffit pour le faire partir.

Le chasseur, caché dans sa cabane, attend patiemment les oiseaux , qu'il aperçoit de fort loin et dont il suit la marche avec inquié-tude. Lorsqu'une bande d'alouettes s'appro-che , il saisit le bilboquet auquel est attachée la corde, qui s'étend jusqu'à lui, et lorsqu'elles volent au-dessus de son filet, il tire fortement la ralingue. Le filet se dresse avec rapidité, barre le chemin aux oiseaux et, avant qu'ils aient pu fuir, les couvre de ses mailles serrées.

On s'empresse alors de ramasser le butin, de tendre l'appareil, et l'on attend un nouveau passage pour recommencer la même opération.

Il est digne de remarque que les oiseleurs, dont le caractère est ordinairement très-doux, sont impitoyables envers leurs captifs, auxquels ils écrasent la tête, d'un coup de pouce, sans ressentir la moindre émotion.

Quand le passage se fait bien, le chasseur court de la cabane au filet, du filet à la cabane, sans pouvoir, pendant deux ou trois heures, prendre un moment de repos. Hors de lui, il met habit bas, sans songer que le vent du matin est piquant et froid sur les hauteurs. Il ne connaît pas de fatigue. Il éprouve une joie, un plaisir indicibles, qu'il paiera, il est vrai, d'une courbature.— Mais quelle médaille n'a pas son revers !

Et puis, quel sentiment d'orgueil s'empare de lui quand, regagnant son domicile d'un pas triomphant, il porte par les rues un sac bien rempli, objet de l'admiration et, faut-il le dire, de la convoitise de ses voisins! Oh ! qu'il est bien payé de ses peines et que sa fatigue lui semble légère !

Quelquefois aussi notre chasseur se morfond sans voir passer un oiseau : ou les alouettes passent haut, le vent est trop faible, ou bien le vent est trop fort, et alors elles filent sous la falaise, qui leur présente un abri. Il tâche alors de se rabattre sur quelque malheureux linot ou autres menus oisillons qui ne sont bons qu'à mettre en cage et servent de fiche de consolation.

Encore si les corbeaux qui nichent dans les trous de la falaise et décrivent dans l'air des cercles capricieux voulaient s'approcher; ce serait une proie d'un volume respectable, et la quantité remplacerait la qualité ; mais ils sont méfiants de leur nature et ne donnent pas dans de pareils piéges tant que la terre est découverte ; il faut donc se contenter de les regarder.

Malgré ces mécomptes , l'attrait de cette chasse est si grand , qu'on vient dès le lendemain s'exposer à d'aussi mauvaises chances.

Et puis, quand on ne prend rien, l'air est si pur, les rayons du soleil,—dont la chaleur s'affaiblit déjà,—si beaux et illuminent tant les herbes mouillées ; la vue s'étend si bien sur la ville , dont les lointaines clameurs montent jusque-là ; l'horizon est si large et la mer azurée si belle à voir , que l'on resterait de longues heures dans sa cabane rien que pour se laisser pénétrer de toutes ces impressions.

Je m'aperçois que je vous ai parlé d'un seul filet,—rabat ou rêts volant ;—mais les amateurs ne bornent pas là leurs désirs, et , toutes les fois que la place le permet, ils en installent deux l'un près de l'autre, afin d'augmenter leurs chances de succès en même temps qu'ils doublent leur peine. Quelques privilégiés peuvent avoir quatre rets, et leur sort fait bien des envieux.

Mais voici des bandes serrées volant avec rapidité, qui, de loin, semblent un nuage rasant le sol; si compactes, qu'elles jettent une ombre épaisse sur la terre. — Ce sont des étourneaux.

Vous connaissez sans doute ces oiseaux au plumage tacheté de points blancs, et vous avez dû voir quelque sansonnet, — on leur donne aussi ce nom, — sifflant et parlant même dans une cage, où son inactivité forcée le condamne à mourir de la goutte, et répétant peut-être, comme celui dont parle Sterne : — Je ne puis pas sortir.

Cet oiseau se met en route à la même époque que l'alouette. Son vol est bruyant et rapide. Il passe dès le point du jour et sou-

vent si près de terre , qu'il mange l'herbe ,
selon l'expression consacrée.

« Les étourneaux , dit Buffon , n'ont pas
plus tôt fini leur couvée, qu'ils se rassemblent
en troupes très-nombreuses. Ces troupes ont
une manière de voler qui leur est propre et
semble souvent une tactique uniforme et
régulière, telle que serait celle d'une troupe
disciplinée , obéissant avec précision à la
voix d'un seul chef ; c'est à la voix de l'instinct que les étourneaux obéissent , et leur
instinct les porte à se rapprocher toujours du
centre du peloton , tandis que la rapidité de
leur vol les emporte sans cesse au-delà ; en
sorte que cette multitude d'oiseaux ainsi
réunis par une tendance commune vers le
même point, allant et venant sans cesse, cir-
culant et se croisant en tous sens , forme une
espèce de tourbillon fort agité dont la masse
entière , sans suivre de direction bien certaine , paraît avoir un mouvement général
de révolution sur elle-même , résultant des

mouvements particuliers de circulation propres à chacune de ses parties, et dans lequel le centre, tendant perpétuellement à se développer, mais sans cesse pressé, repoussé par l'effort contraire des lignes environnantes qui pèsent sur lui, est constamment plus serré qu'aucune de ces lignes, lesquelles le sont elles-mêmes d'autant plus qu'elles sont plus voisines du centre. »

On conçoit donc que d'un seul coup le rabat puisse enserrer un grand nombre de ces oiseaux.— Cette circonstance les fait désirer ardemment, bien que le goût n'en soit pas très-fin et que leur amertume fort prononcée ne puisse céder aux diverses préparations qu'on leur fait subir pour les rendre mangeables.

Aussi, dès qu'il aperçoit au loin une troupe d'étourneaux qui n'est encore qu'un point noir, le chasseur ne les perd pas de vue, tâchant de deviner la route qu'ils vont suivre. Bientôt un violent effort fait partir le rabat, et une centaine de victimes se débattent sous ses mailles , pendant que la troupe se reforme et continue sa route. Il faut alors mettre à mort les captifs ; ce qui n'est pas facile, car ils ont la vie dure. J'ai vu , dans leur ardeur de destruction , les vrais amateurs mordre à belles dents la tête des étourneaux et leur briser le crâne ; c'est la méthode la plus sûre et la plus expéditive ; mais , je l'avoue , j'ai toujours eu la plus grande répugnance pour cette espèce de repas sanglant.

Si par malheur une maille se rompt et qu'un étourneau puisse passer, tous les autres le suivent, glissant comme des anguilles par cette issue , et il vont s'abattre à quelque distance, narguant le malencontreux oiseleur, qui, dans son désespoir, s'arracherait volontiers les cheveux.

Vers dix heures, les étourneaux cessent de passer. Ils restent dans les champs, réunis comme toujours, cherchant quelque nourriture à terre ou bien se tenant sur les moutons, dont ils épluchent la laine, pour y trouver des insectes. Lorsqu'on les fait lever, ils s'abattent de nouveau à quelque distance. Ils ne sont pas prêts à voyager, et rien ne peut leur faire poursuivre alors leur pérégrination.

La première gelée fait cesser le passage, qui recommence avec la neige. Alors, si le vent est favorable, l'air retentit, dès avant le jour, des cris des oiseaux. C'est un rude moment pour les oiseleurs. On prend, outre les espèces dont je vous ai parlé, des claques, des pluviers, etc.

On pratique aussi à cette époque une chasse qui n'est possible que lorsque la terre est couverte de neige.

On a préparé d'avance des laçons. C'est une longue corde qui mesure trois ou quatre cents mètres, à laquelle on attache de distance en distance des crins de cheval disposés de manière à former un nœud coulant. La corde ainsi préparée est enroulée avec soin sur un *traillet*.

Il reste alors à planter dans la campagne des piquets espacés de trois à quatre mètres, que l'on va visiter de temps en temps, afin de remplacer ceux qui auraient été enlevés.

Quand, pendant la nuit, une couche épaisse de neige s'est étendue sur les champs, on tend de grand matin les laçons, en fixant la corde qui les soutient aux piquets placés d'avance. On couvre ainsi une étendue considérable de terrain ; car certains amateurs déploient jusqu'à trois mille mètres de cordes.

Après cette opération, on sème de menus grains sur toutes les lignes ; et il n'y a plus qu'à attendre.

Les alouettes, dont la vue est perçante, aperçoivent de très-loin cet appât, qui les attire d'autant plus sûrement que la neige leur ôte tout moyen de subsistance. Elles s'abattent par volées dans ce champ hérissé de périls et sont bientôt prises dans les laçons, dont les nœuds sont encore resserrés par les efforts qu'elles font pour fuir. Le nombre des captives est quelquefois si considérable, qu'un grand sac de toile a peine à les contenir.

Cette chasse n'est pas moins fatigante que le rabat : — il faut se tenir longtemps courbé pour placer les engins, les cueillir, ramasser et tuer les oiseaux ; — on doit les surveiller toute la journée, pour en éloigner les maraudeurs et les corbeaux ; tout cela les pieds dans la neige et par un froid assez vif. Elle compte cependant un grand nombre d'adeptes, qui en font leurs délices et qui ne changeraient pas leur sort pour un empire quand ils sentent leurs épaules chargées d'un lourd butin, qui leur semble toujours trop léger.

Les fanatiques à qui les laçons viennent à manquer passent la nuit à les réparer, afin de ne pas perdre une *marée !*

XXII.

Vous avez souvent regardé les navires qui se trouvent dans le port, sans vous rendre compte de leur construction et des différences d'armement qu'ils présentent. Votre voyage serait incomplet si vous ne remportiez sur ce sujet quelques notions qui vous seront utiles quand vous lirez des relations de voyages et certains ouvrages où la mode introduit des scènes maritimes.

Ce n'est pas une petite affaire que de

mettre un navire en état de tenir la mer :
prenons-le donc à partir du moment où l'on
pose sa quille sur le chantier, jusqu'à celui
où il peut sortir des jetées.

—

La *Quille* est une longue pièce de bois sur
laquelle reposeront toutes les parties de la
construction. Une pièce de bois destinée à
la continuer en avant et dressée à angle plus
ou moins ouvert prend le nom d'*étrave;* à
l'arrière, une autre pièce placée à angle droit
doit recevoir le gouvernail, dont je vous
parlerai plus tard, — c'est l'*étambot*. Les
varangues forment la carcasse du navire et
s'établissent par couples. Leur forme varie
selon la place qu'elles doivent occuper et de
façon à donner aux parties du navire qui
seront plongées sous l'eau une forme qui présente une grande analogie avec celle de certains poissons. Au milieu elles ont presque
la figure d'un fer à cheval ; à l'avant, la
base se rétrécit, et celles de l'arrière repré-

sentent un V allongé. Ces diverses courbures ont pour but de donner au navire une grande stabilité, en même temps qu'il peut facilement diviser l'eau et que ce fluide, glissant facilement sur les façons amincies de l'arrière, n'oppose aucun obstacle au mouvement de translation imprimé à la masse entière.

L'écartement des varangues est soutenu par des barres transversales que l'on appelle *baux* et *barrots*. On revêt ce squelette de planches épaisses et juxta-posées, qui complètent la coque et sont connues sous la dénomination de *bordages*. D'autres bordages cloués sur les baux forment le pont, que l'on entoure de garde-fous recouverts d'un plat-bord.

On conçoit que les planches ainsi appliquées doivent laisser entr'elles des intervalles par où l'eau pourrait s'introduire. On obvie à cet inconvénient en y chassant à force des étoupes enduites de goudron, en les *calfatant*.

La coque est alors divisée en plusieurs parties, selon l'usage auquel on la destine. Dans les navires du commerce, on dispose à l'avant un logement pour l'équipage ; l'arrière est occupé par la chambre du capitaine ; l'espace intermédiaire forme la cale, où l'on place les marchandises et les provisions.

On accède à ces diverses parties par des ouvertures ménagées dans le pont, — les *écoutilles*, — que l'on clôt à l'aide de panneaux, pour empêcher les vagues de s'y introduire. Celle qui mène à la chambre du capitaine est recouverte d'un ouvrage en menuiserie qui prend le nom de *capot*.

A l'arrière des navires qui doivent prendre des passagers est établie une grande caisse qui renferme plusieurs cabines installées avec intelligence : c'est un *rouffle* ou *carrosse*.

On n'oublie pas une petite cabane où l'on installe le foyer pour faire la cuisine, des pompes pour épuiser l'eau qui pourrait pénétrer dans la cale, un *guindeau* destiné à rendre plus faciles toutes les manœuvres de force et rendu indispensable par la faiblesse numérique des équipages du commerce ; un *habitacle*, où se balancera le compas dont l'aiguille aimantée indiquera le nord, etc.

L'étrave supporte un assemblage de charpentes, — *la guibre*, — qui donne de l'élégance à l'avant, complète les lignes et supporte une figure ou une sculpture emblématique.

De chaque côté sur les *joues* sont placées deux pièces de bois, — les *bossoirs*, où les ancres seront suspendues.

L'arrière reçoit un *tableau* ou couronnement sur lequel on inscrit le nom du navire.

La coque peut alors être mise à l'eau, et l'on procède à la *lancée*, opération qui n'est pas toujours sans difficulté.

On établit dans le sens du prolongement de la quille une coulisse inclinée jusqu'à la mer ; ce rail est graissé avec soin. Les étais qui soutenaient le navire pendant les travaux de construction sont enlevés successivement ; des hommes placés sur le pont se portent de l'un et de l'autre côté : le navire vacille, s'ébranle et glisse d'abord avec lenteur ; puis sa course devient si rapide, que le frottement de la quille enflamme les bois avec lesquels elle se trouve en contact ; il plonge son arrière dans la mer, se redresse et se balance majestueusement sur le fluide dont il vient de prendre possession.

La vitesse qu'il a acquise sur le plan incliné qu'il vient de parcourir est amortie par la rupture de plusieurs câbles ou *bosses*, dont la résistance calculée augmente peu à peu. Cette précaution est indispensable chez nous, où les navires sont lancés dans l'avant-port ; sans cela ils iraient se heurter contre le mur des quais.

Il faut alors installer la mâture et le gouvernail, pièce mobile qui se place contre l'étambot et que l'on fait mouvoir à l'aide d'une *barre* ou d'une *roue* placée sur le pont.

Supposons pour un instant que le navire que nous venons de voir lancer soit armé en *trois-mâts*. Comme l'indique son nom, il recevra d'abord trois bas mâts perpendiculaires :

Le mât de misaine, placé à l'avant ;

Le grand mât, au centre ;

Le mât d'artimon, à l'arrière.

Ces mâts sont soutenus de chaque côté par de forts cordages, — les *haubans*, — auxquels on fixe en travers de légères cordes, — *enfléchures*, — qui forment des échelons où grimpent les marins que leur service appelle dans la mâture ; et en avant par des *étais*, gros cordages qui font un effort en sens contraire des haubans et assurent la stabilité.

On dresse au-dessus :

Le petit mât de hune,

Le grand mât de hune,

Et, sur l'artimon, le perroquet de fougue,

Egalement soutenu par des haubans portant enfléchures et par des étais ;

Au-dessus encore :

Le mât de perroquet,

Le grand mât de perroquet,

Le mât de perruche.

Dans les grands navires on place encore plus haut :

Le petit mât de cacatois,

Le grand mât de cacatois,

Le cacatois de perruche,

Et enfin des flèches ou mâts de bome.

Les bas mâts portent une plate-forme à claire-voie, — les hunes ; — les autres, seulement des barres.

A l'avant, un mât incliné sur l'eau reçoit le nom de *beaupré* et supporte un boute-hors de grand foc et un boute-hors de clin-foc.

Les *vergues* sont de longues pièces de bois, arrondies et diminuant de grosseur du milieu à chaque extrémité, placées en travers de la mâture et supportant des voiles carrées

qui prennent le nom du mât dont elles dé-
pendent, — misaine, — grande voile, —
hunier, — perroquet, — cacatois.

On ne grée pas de voile sur la basse vergue
d'artimon.

Les vergues sont munies de rallonges sur
lesquelles ont peut gréer des bonnettes et
augmenter ainsi, quand la brise est trop
faible, la surface de toile offerte au vent.

Les vergues des bas mâts sont fixes; celles
qui s'appliquent le long des mâts supérieurs
peuvent se hisser et s'abaisser.

Le bas mât d'artimon porte une voile en
trapèze que l'on appelle *brigantine*. Elle est
fixée en haut sur une pièce de bois qui se
projette en arrière et que l'on nomme *corne*,
et vient se border sur une longue *bome*.

C'est à la corne que l'on hisse le pavillon
national.

Le beaupré reçoit trois voiles triangulaires : — le petit foc, le grand foc et le
clin-foc.

L'emploi des voiles , les diverses positions qu'on leur fait prendre selon la route à suivre et la direction du vent, nécessitent une foule de cordages , de manœuvres, dont je vous épargnerai la description et dont la connaissance n'est utile qu'aux hommes du métier. Les notions que je viens de vous donner suffisent pour que vous puissiez saisir la physionomie d'un trois-mâts et vous faire une idée des nombreux détails que comporte l'installation de sa voilure.

—

Le Brig ou Brick a deux mâts semblables aux deux premiers d'un trois-mâts. Le plus élevé, qui se place à l'arrière , porte une brigantine.

—

Le Sloup ou Sloop ne porte qu'un mât perpendiculaire ; il déploie une immense voile trapézoïde qui se grée sur une corne et une bome. Le beaupré , horizontalement placé, supporte un large foc ; une autre voile triangulaire, entre l'avant et le mât, se nomme *trinquette*.

L'immense voilure et la hauteur du mât de ce navire , l'allure qu'il doit souvent prendre à la mer, nécessitent un genre particulier de construction. Les dimensions du sloup sont assez restreintes ; on a cependant vu de ces navires qui jaugeaient plus de deux cents tonneaux. Il est difficile de dépasser ou même d'atteindre cette limite ; car le bas mât est alors d'une telle grosseur , qu'on a peine à trouver des arbres qui puissent en servir.

Le sloup serre facilement le vent au plus près, c'est-à-dire qu'il peut se diriger vers le point d'où souffle le vent. Cette précieuse qualité le fait souvent employer dans les mers étroites, où il sert au cabatage, au pilotage et à la pêche.

—

La Goelette , le plus petit des bâtiments employés au long cours, a deux mâts inclinés en arrière, portant brigantines et huniers. Les hunes sont remplacées par des barres.

———

La mâture du Brig-Goelette se compose d'un mât de misaine semblable à celui d'un brig et d'un mât à l'arrière portant seulement des barres.

———

Le Chasse-Marée a trois mâts d'une seule pièce. le mât de misaine, le grand mât et le tapecul, qui se place près du couronnement ; chaque mât porte une vergue qui s'abat sur le pont et qui porte une énorme voile. Un foc s'établit sur un beaupré horizontal.

Les grands chasse-marées portent , sans qu'ils aient pour cela de mâts superposés, des huniers qui descendent aussi sur le pont.

Les corsaires de la Manche se servaient de grands Lougres, dont l'armement était à peu près semblable et qui portaient plusieurs canons. Ce genre de voilure leur permettait de profiter de tous les vents et leur assurait dans beaucoup de cas une grande supériorité de marche sur les navires à voiles carrées.

Le HOURY ou HOUARY a de nombreux points de ressemblance avec le chasse-marée ; mais son grand mât seul grée un hunier. La nécessité d'abattre fréquemment les mâts a fait supprimer les haubans.

—

L'action de la brise sur les voiles est facile à comprendre ; vous avez vu maintes fois le vent courber la cîme des arbres ou entraîner les ailes d'un moulin à vent : l'effort qu'il fait contre la voilure communique à tout le système un mouvement de translation auquel le fluide où plonge la coque oppose une résistance relativement assez faible, et le navire acquiert une limite de vitesse que les constructeurs s'efforcent de dépasser en modifiant les formes tout en tâchant de les mettre en rapport avec les besoins de la navigation.

Ainsi , les navires construits à Fécamp

réunissent deux qualités qui semblent s'exclure : tout en portant de lourds fardeaux ils marchent bien.

Le gouvernail, présentant au fluide un point de résistance d'autant plus énergique que la vitesse est plus grande, sert à maintenir le navire dans la route qu'il doit suivre et à le faire changer de direction.

—

Longtemps on a cru qu'il était impossible de se passer de voiles. Les avirons qui les remplaçaient sur les galères ne pouvaient être d'un grand secours dans les circonstances ordinaires, puisque leur emploi nécessitait des navires d'une forme particulière et un grand nombre d'hommes, — la chiourme, — employés à faire péniblement mouvoir ces incommodes agents de locomotion.

Dans le dernier siècle, l'application aux besoins de l'industrie de la force élastique de la vapeur fit concevoir la possibilité de doter les navires d'un appareil mu par une force puissante, à l'aide duquel ils pourraient marcher contre le vent et remonter des fleuves rapides. Cette idée, qui a été réalisée, en partie, — car la navigation par la vapeur est encore susceptible de perfectionnements, — a rencontré dans son application de nombreuses difficultés qu'il a fallu vaincre une à une.

Dès 1736 un Anglais voulut se servir de roues à aubes mues par la vapeur ; ce premier essai, tenté de nouveau par Périer, en 1775, n'eut pas de succès, et le navire construit par ce dernier ne put pas remonter la Seine. MM. de Jouffroy, Desblancs et plusieurs Anglais échouèrent également, aucun d'eux n'ayant su proportionner la force des appareils avec la résistance de l'eau.

Robert Fulton résolut donc le premier ce difficile problème. En 1807, un navire, installé par lui et dont la machine sortait des ateliers de Watt et Boulton, alla de New-York à Albany avec une vitesse de vingt milles à l'heure. Ce résultat était immense pour les États-Unis : dans ce pays, les voies de communication manquaient, et l'on ne pouvait guère tirer parti des fleuves profonds et peu rapides où d'épaisses forêts rendaient le halage impossible. Le succès de Fulton donna donc un nouvel essor à l'industrie et au commerce , et bientôt de nombreux pyroscaphes couvrirent les fleuves et les lacs de l'Union.

En 1811 , l'Angleterre avait des navires à vapeur ; mais ce ne fut qu'en 1819 qu'ils osèrent s'aventurer en mer.

En France , les premières applications de la vapeur à la navigation des fleuves ne furent pas heureuses ; les frais considérables que ce mode entraîne ne permettaient pas de lutter avec la modicité des prix de halage ; cependant les remorqueurs rendent de grands services dans la Basse-Seine et traînent de lourds chalands jusqu'à Paris.

Les paquebots à vapeur desservent les lignes du Havre à Lisbonne, à Hambourg,

à Saint-Pétersbourg, de Calais à Douvres, etc.
Ils ont relié l'Orient à Marseille et rendu les
communications promptes et faciles entre
l'Algérie et la France.

Mais cela ne suffisait pas, et l'on a enfin
construit des navires qui traversent l'Océan
sans le secours de leur voilure. Le *Franklin*,
le plus remarquable d'entr'eux, franchit en
onze ou douze jours la distance qui sépare
le Havre de New-York.

—

Une modification importante dans le pro-
pulseur a été introduite il y a quelques
années et essayée au Havre sur le *Napoléon*.
Les roues ont été remplacées par une hélice
placée à l'arrière du bâtiment et cachée entièrement sous l'eau. Ce perfectionnement
a donné de bons résultats.

Le jour fatal fixé pour le départ était arrivé. Nos voyageurs durent donc renoncer à mille projets qu'ils avaient conçus sans réfléchir qu'ils n'auraient pas le temps de les mettre à exécution. M. Gérard les consola en leur promettant de les laisser, l'année prochaine, passer les vacances entières chez M. Dumont.

Peut-être pourrons-nous alors nous procurer le journal exact de leurs faits et gestes et en faire part à nos jeunes lecteurs.

TABLE.

Rouen. Imp. MÉGARD et Cie, Grand'Rue, 156.